KUWEI
酷威文化

图书 影视

STORIE DI CERVELLI

大脑简史

[意] 克劳迪奥·波利亚诺 著

张羽扬 张谊 译

台海出版社

目录

引言

　　本书书名中涉及的两个意大利词语——"大脑""简史"，都用了复数，这一设计不无深意：首先，本书选取的都是一些有价值的案例；其次，书名本身也说明，我们的主题会随着时间的推移而渐趋多元、丰富，不断变化。在某些特定的历史时期，人们会讨论是否需要回归一种俯瞰全局的视角，并借此重申历史学的重要地位。本书的三个章节时间跨度很大，难免使人怀疑这是否符合"简史"应有的架构，可能有人会问：这部简史会不会名不副实？是否已有前人在这一领域做了类似工作？[1]

---

[1] 此处指的是乔·古尔迪（Jo Guldi）与大卫·阿米蒂奇（David Armitage）通过《历史学宣言》发起的论战，详见：《历史学宣言》，剑桥：剑桥大学出版社，2014年。在这方面，有一份科学史的重要期刊刊登了诸多作者的相关文献，详见：美国科学和国际安全研究所，《观点：历史学宣言与科学史》，2016年，第107期，311—357页。

大脑简史

"神经科学"一词诞生于 1962 年，由麻省理工学院生物学教授弗朗西斯·奥托·施密特（Francis Otto Schmitt）提出，距今不超过五十年。当时，他在美国艺术与科学院开展了一个新项目，旨在联合生物学家、化学家、医学家、数学家、物理学家和工程师，共同研究神经系统。自那时起，神经科学开始逐渐摆脱地理条件的限制，并以惊人的速度在世界范围内扩展。媒体报道纷至沓来，公众关注度日益提高。最终，这一学科在 20 世纪末取代了基因组学，被用以解释人类特征及行为。在这一学科上，我们能同时看到"大科学"[①]和技术科学的典型特征。人们能够通过神经影像技术了解心灵的活动机制，与此同时，二十年前镜像神经元的发现，也让人们在探索心灵的过程中有了更多的遐想与反思。[②]

2013 年，凭借充裕的经费，两个大型研究项目在欧洲和美国开始运行。项目把 21 世纪称作"大脑的世纪"，与此同时，一系列带有"神经"这一关键词的子学科也逐渐兴起：神经美学、神经伦理学、神经人类学、神经经济学、神经史学、神经神学等。有人

---

① "大科学"是一个国际科技界概念，由美国科学家普赖斯于 1962 年 6 月首次提出，就其研究特点来看，主要表现为：投资强度大、多学科交叉、需要昂贵且复杂的实验设备、研究目标宏大等。——译者注

② 详见：格雷戈里·希科克（Gregory Hickok），《神秘的镜像神经元：沟通与认知的真正神经科学》，纽约-伦敦：纽约诺顿出版社，2014 年；贾科莫·里佐拉蒂（Giacomo Rizzolatti）、科拉多·西尼加利亚（Corrado Sinigaglia），《镜像神经元的趣闻与神话》及相关发言，刊登于《美国心理学杂志》，2015 年，第 128 期，527—550 页。

认为，大脑研究的"神经转向"以及"神经中心主义"，会不断推动新产品的研发与宣传。有人指出，大脑是"独立器官"，如果忽略其独立性，有些新发现和新应用就会显得离奇古怪。众所周知，伪科学会鱼目混珠，假扮真科学，况且，目前并不存在判断真伪的统一标准。科学宣传本就像九头蛇一样真假难辨。①

近几十年来，神经科学蓬勃发展，大脑也成为现代性的标志。因此，历史学家也不再局限于研究毫无起伏变化、线性发展的历史，他们开始寻其根、溯其源，考察不同时代中人们对于大脑的不同看法。请注意：本书的目标不是界定大脑在各个历史时段扮演的角色，这并非重点。同时，笔者也会尽量避免用现代人的视野对以往的历史评头论足。

我们要从遥远的时期开始，讲述大脑的历史：我们先一同回望四千年前的埃及。那时，大脑第一次有了书面记载，而且根据现代对古埃及医学的分析，解剖生理学在当时的心脑血管系统研究中具

---

① 关于这一主题的文献数不胜数，此处我只按照出版顺序列举最重要的几篇：弗朗西斯科·奥尔特加（Francisco Ortega）著、费尔南多·维达尔（Fernando Vidal）主编，《神经文化：一探扩张中的宇宙》，美因河畔法兰克福：彼得朗出版社，2011 年；苏巴纳·乔杜里（Suparna Choudhury）著、简·斯拉比（Jan Slaby）主编，《批判性神经科学：神经科学社会与文化背景手册》，威立国际出版集团旗下出版公司（Wiley-Blackwell），2011 年；梅利莎·利特菲尔德（Melissa M. Littlefield）著、詹妮尔·约翰逊（Jenell M. Johnson）主编，《神经科学转向：大脑时代的跨学科研究》，安阿伯：密歇根大学出版社，2012 年；尼古拉斯·罗斯（Nikolas S. Rose）、乔伊尔·阿比－拉奇（Joelle M. Abi-Rached），《神经：新大脑科学与思想管理》，普林斯顿：普林斯顿大学出版社，2013 年；费尔南多·维达尔（Fernando Vidal）、弗朗西斯科·奥尔特加（Francisco Ortega），《成为大脑：让大脑做主》，纽约：福特汉姆大学出版社，2017 年；美国科学和国际安全研究所，《聚焦：神经史与科学史》，第 105 期（2014 年），100—154 页。

有中心地位。其实，在其他古代文明中，这种首要地位也有迹可循：在希腊文明中，自 5 世纪起，人们便把大脑看作是最重要的器官。希波克拉底在他的著作中，曾宣称大脑是身体信号的唯一诠释者与信使。而在这部作品问世之前，早已有部分生理学家开始关注大脑这一器官。在接下来的几个世纪里，当两个重要器官——心脏与大脑并驾齐驱之时，亚里士多德和柏拉图在选择上出现分歧，为人们指出了两个截然不同的研究方向。需要注意的是，二人所描述的大脑也不尽相同，几乎全然对立。

由于那时存在对尸体的禁忌，人们只能将动物作为直接研究对象，并基于相关研究得出结论。没过多久，在托勒密王国的雄伟首都亚历山大港，尸体解剖和活体解剖获得许可。从此，医生对神经系统有了新的认识。但是由于"罗马法"的存在，盖伦（Galeno）①仍然不能通过解剖人体进行研究。但在公元 2 世纪下半叶，他建立了一间装备齐全的医学、哲学实验室，该实验室一直运作了千年之久。他敢于反驳亚里士多德设下的教条，敢于挑战对方认为大脑只是个冷却器官的观点②。在盖伦看来，生命机体和精神生活的主宰

---

① 盖伦，希腊医学家、解剖学家。早年跟随柏拉图学派的学者学习，17 岁时在亚历山大等地学医，掌握了解剖术，一生致力于医疗实践解剖研究，创作了 131 部医学著作。他建立的血液运动理论对西方医学影响深远。在古罗马时期他被认为是仅次于希波克拉底的第二医学权威。——编者注
② 亚里士多德主张，大脑不过是个散热器，其存在只是为了冷却在心脏里热起来的血液。——译者注

是"气"（pneuma，普纽玛）。而到了古典时代，希腊作家在作品中谈及该元素时，开始将其与灵魂结合，认为在身体里，"气"会成为一种精神活动，会产生感觉，会决定运动。

盖伦对心室系统的研究细致入微，为学科发展做出了重要贡献。他认为，身体中有互通互连的内部通道，通道中空无一物，能够容纳一种非实体的、精神性的存在。然而，这并不是他的原创性观点：其实，这一概念的基本要素可以追溯到 4 世纪末；而它在后续传播的过程中，又有了极大改变；最后，几乎沿用至现代社会。达·芬奇（Leonardo da Vinci）的画作中，便有该思想的痕迹。1543 年，安德烈·维萨里（Andreas Vesalius）在他的作品中对盖伦的观点提出异议，指出了传统理论中对大脑皮质形态的忽视，此举为新解剖学奠定了基础。直到 17 世纪下半叶，相关研究才翻开了新的历史篇章。与此同时，随着时间的流逝，亚里士多德的"心脏中心论"已站不住脚，人们不费吹灰之力便可将其驳倒，他的旧思想框架也渐渐分崩离析。

17 世纪中叶，笛卡尔逝世之后，他的著作《论人》（*Treatise of Man*）才被发表，这里面提供了一个关于神经系统的功能及运行机制的模型。对于该模型，人们众说纷纭，有人赞成，也有人驳斥，尤其是其中对松果体腺的分析，有荒诞怪异之虞。尼古拉斯·斯丹诺（Niels Stensen）推翻了笛卡尔的只有人类有松果体腺的观点，证明了它不是灵魂之所在。

　　同一时期，托马斯·威利斯（Thomas Willis）否定了盖伦的脑室观点。他积极应用新发明的显微镜（笛卡尔在神经生理学论述中忽视了这一工具），并指出借助显微镜能够获得重要信息。通过观察，他提出了"人脑的高级认知功能来自大脑皮层的褶皱"观点，并指出大脑皮质越光滑的动物，在自然界的等级就越低。1664年，威利斯出版了《大脑解剖》（Cerebri Anatome）一书，其中的草图展现了大脑的结构，与之前的研究截然不同，但该观点并未受重视，也未被主流科学家及时跟进。比托马斯·威利斯年轻一点的马切罗·马尔比基（Marcello Malpighi）在从事研究大脑结构的解剖学工作时了解了威利斯的理论。笛卡尔的大脑自动运作理论对他来说太抽象了，理论中的想象模式与经验主义所揭示的事实不匹配。但是，他使用了模型和比较的手段，认为：大脑皮质在"黑色胆汁"分泌时将会起到过滤器的作用，因此墨迹斑斑。在他看来，皮质类似于一个大的腺体。这种带有主观色彩的解释在数十年内一直占上风。

　　在世纪之交，爱德华·泰森（Edward Tyson）的比较解剖学发现，脱水后的黑猩猩身体与人类的共同点多于其他猿类，还发现黑猩猩的大脑与人类大脑极为相似。

　　罗马精神病学家乔瓦尼·玛利亚·兰奇西（Giovanni Maria Lancisi）在1713年发表观点称胼胝体是思维灵魂的所在地。同时，他还在两个脑半球的连接处准确观察到了单一器官，即笛卡尔提出的松果体。

到了 18 世纪中叶，阿尔布雷希特·冯·哈勒（Albrecht von Haller）的实验（试图将刺激性和敏感性区分开来）出现在了公众的视野中，他更倾向于将神经系统作为一个组织的集合，而不是作为一个具有功能的器官来研究。不仅如此，他还对以往所有关于感觉定位的尝试都表示质疑。承认对大脑这个成分模糊、功能可疑的身体系统的无知几乎成了一件必要的事，该系统的病症将在未来很长一段时间内给临床手术带来困难。西班牙公主玛丽亚·安东妮亚（Maria Antonietta）的医生费利克斯·维克·达泽尔（Felix Vicq d'Azyr）是最早开始进行大脑研究的人之一，他的研究计划因他过早去世而未完成。该计划将大脑的复杂程度作为评估每个物种的标准，以此实现动物的分级。

18 世纪末，一些迹象表明，一个里程碑式的崭新时代即将拉开帷幕，大脑研究将在下一个世纪全面展开。1798 年，一位德国医生开始着手进行他的大脑生理学项目，意图忠实地描绘出人脑的本质。他名叫弗兰茨·约瑟夫·加尔（Franz Joseph Gall），原本一直在维也纳生活、工作，但他于 1805 年告别故土，先在欧洲各地宣扬自己的学说，随后在巴黎定居。在那里，他与学生约翰·加斯帕尔·施普尔茨海姆（Johann Gaspar Spurzheim）一起，试图获得高级知识分子的赞同，建立科学界的共识。尽管法兰西学院的裁决否定了他的学说，但他却成功了。这两位传播者在短时间内仍维持合作伙伴关系，他们的事业也得到了进一步的发展与壮大。

本书第二章叙述了一种"科学意识形态"的形成和传播，其发明者称之为器官学，其他人则称之为颅相学。人们众说纷纭，各派观点碰撞交融，最终达成了一个共识：道德品质和智力能力与生俱来，取决于构成大脑的特定器官的发展。大脑的两个半球上有大脑灰质，大脑是具有双重作用的器官，而19世纪的人们则应当遵循道德价值观规定的行为准则，认识这一器官、研究其功能。这些器官当时被视为"需要锻炼的肌肉"。最近也有一本书的作者指出了这一点，他想强调两个世纪前颅相学家推荐的体操与"神经生物学"之间的关系，后者是一种市场化的产物，它源于当下的一种理念——人类的个性本质上与大脑相吻合。

早在2001年，心理学家威廉·乌塔尔（William Uttal）就批评说，他的许多同事有一种天真的想法，总是希望通过将学科简化为对神经或计量元素的研究，来加强其学科理论性。尽管他承认可以通过20世纪末引入的复杂成像技术窥探大脑的运作，但在他看来，这一方法存在着巨大的误解风险。研究者所看到的东西，虚假的比真实的多，而且相关研究对认知过程的定位过于随意。虽然在其他领

① 此处借用了乔治·康吉莱姆（Georges Canguilhem）提出的一个术语，详见：《生命科学史上的意识形态和理性》，巴黎：维林出版社，1977年，44页。一般而言，如果想阐明研究对象与其科学性规范的关系，可以用双曲线解释。
② 详见：费尔南多·维达尔（Fernando Vidal）、弗朗西斯科·奥尔特加（Francisco Ortega），《成为大脑：让大脑做主》，47—57页。

域，还原论方法有助于更好地理解各种现象，但人脑及人类行为有多维复杂性，需要极其谨慎地研究。[1]几年后，历史学家迈克尔·哈格纳（Michael Hagner）写了一篇关于网络颅相学的文章，质疑了上述技术产品仪器的新"视觉权威"。

杰里·福多（Jerry Fodor）于1983年提出了模块化思维理论，他的著作封面上有一个颅相学视角下的头部图像[2]。在过去的几十年里，颅相学不时被提起并重复纳入讨论范围，时不时地成为历史学家仔细研究的主体。笔者认为，颅相学的发展史应该被置于中心位置，但不仅仅是出于上述原因，更是因为颅相学涉及西方文化的很大一部分，能够反映历史阶段的交替及地理变化。在很长一段时间里，颅相学一直吸引着医生和科学家们的兴趣，有人采纳其原则，有人则持反对态度。尽管如此，作为一个具有强烈文学色彩和艺术气质的异质性、扩张性学科，它仍旧得到了持续的传播。尤其值得关注的是，颅相学在美国建国时期的发展状况说明科学可以成为信仰，能够影响商业举措、教学理念和卫生改革，改变日常生活的方方面面。

当时的人认为，如果不能了解大脑的表现形式，就无法处理大脑的问题，因此有人完善了检查大脑结构和功能的工具。虽然加尔

---

① 详见：威廉·乌塔尔，《新颅相学：大脑中认知过程定位的局限性》，剑桥（马萨诸塞州）：麻省理工学院出版社，2001年。

② 详见：杰里·福多（Jerry Fodor），《心灵的模块化》，剑桥（马萨诸塞州）：麻省理工学院出版社，1983年。

及其追随者拒绝直接实验，但在 19 世纪初，都灵的路易吉·罗兰多（Luigi Rolando）对动物进行了活体解剖和电化电流诱导，并试图定位某些与颅相学功能毫无共同之处的一般功能。弗朗索瓦·马让迪（François Magendie）的做法与罗兰多相似，他大胆进行了生理学实验，取得了显著成果。他将颅相学判定为伪科学，认为它与占星术或亡灵术相近。[①]而其他研究者，如托马斯·莱科克（Thomas Laycock）、赫伯特·斯宾塞（Herbert Spencer），则把解剖实验作为一种激励自己研究的学说，促进了对于神经系统的层次和进化模式的了解。19 世纪，不同的调查风格和技术被越来越多地应用于神经系统，我们将在第三章的第一部分展开论述。

比较解剖学显示，恰如威廉斯在两个多世纪前的猜测，动物的大脑皮层趋于复杂，其中人类的大脑皮层复杂程度最高。有人宣称欧洲男性的大脑皮层复杂程度比其他地方的人都高——神经系统的解剖学和生理学研究，也不可避免地成为当时普遍存在的种族观念的一部分，而这种观念注定会随着时间的推移而改变。保罗·布罗卡（Paul Broca）认为，具有越多褶皱的大脑越聪明，但大脑的重量和体积也同样重要。那些在社会中表现突出的人去世后，布罗卡对他们的大脑进行了长期分析，并坚信能够发现卓越的秘密。1861年，在解剖学与临床学方面，布罗卡还在左额叶发现了语言中枢，

---

① 详见：弗朗索瓦·马让迪（François Magendie），《生理学基础手册》，巴黎：梅吉农-马维斯出版社，1825 年，202—203 页。

语言是人类的一种独特能力。后来卡尔·韦尼克（Carl Wernicke）发现了一个新的功能区域，即颞顶。随后，两人利用大脑的不对称性进行研究，指出两个半球具有相反的品质，并认为右半球具有所谓原始性，从而贬低了右半球。

毋庸置疑，19世纪的实验生理学成果显著。与罗兰多不同的是，皮埃尔·弗罗伦斯（Pierre Flourens）（加尔最可怕的对手之一）对动物进行了一系列无休止的实验，通过各种手段，揭示了大脑神经系统中存在的功能区。几十年后，对大脑皮层的电刺激显示，狗的肌肉运动由大脑皮层的特定区域控制。1876年，大卫·费里尔（David Ferrier）更准确地定位了控制运动和感觉的区域。过去一直被忽视的皮质，此时也成了在组织构成方面需要观察的对象。1906年，卡米洛·高尔基（Camillo Golgi）和圣地亚哥·拉蒙·卡哈尔（Santiago Ramón y Cajal）获得了诺贝尔奖，尽管他们之间存在着激烈的竞争。他们找到了使神经细胞的结构可视化的方法。认为细胞是生物体的最小单位的世纪结束了。

自那时起，颅相学又经历了诸多变化，它的传播速度越来越快、范围不断扩大，笔者无法一一详细介绍。世纪之交又产生了一次大变革，当时该领域的数十万名研究人员（正如前面所述[①]）在专业期刊和手册中发表了数百万页的相关内容。大量的数据使得我

---

① 详见：斯蒂芬·坎普尔（Stephen T. Camper）、迪莉娅·加夫鲁斯（Delia Gavrus），《大脑和心灵科学史》，罗切斯特：罗切斯特大学出版社，2017年，7页。

们无法重现历史。20 世纪的发展局面错综复杂，我们只能随机选择其中一部分，回忆一些相关事件。而笔者想讲的，首先是一种能够记录大脑电流活动节奏的仪器，它的发明者汉斯·伯格（Hans Berger）及其追随者都希望它能打开研究心理的大门，这一仪器证实了神经系统信号属于电的范畴，于是这种仪器随着电报模型的出现而出现。脑电图极大地丰富了神经学和精神病学的诊断设备，它在癫痫研究等方面也起着非常宝贵的作用。

1937 年，怀尔德·彭菲尔德（Wilder Penfield）开始对癫痫病患者进行实验，他通过视觉模拟制作了"小矮人"的形象，这一人脑图像不断被模仿且传播甚广。20 世纪下半叶，另一个同样幸运的形象从封闭实验室里诞生并走了出来——它就是人类所谓"三位一体大脑"理论的载体。保罗·麦克莱恩（Paul MacLean）认为，人类进化的过程中会有三个脑层叠加，第一个从爬行动物处继承，第二个从低等哺乳动物处继承，第三个才从人类处继承且与人类各种行为有关。在他看来，这三个层面的共存是不完全和平的，这一点似乎导致了许多个人和社会问题。在那些充斥着冷战、太空征服和革命的年代，精神障碍以及各种冲突和恐惧都由"三位一体大脑"理论提供的钥匙来破译。麦克莱恩认为，"三位一体大脑"的存在问题亟待解决，同时，也必须为文明中的冲突找到补救措施。

这些年来，科学工作中的思想与理论进一步转移到了更广泛的公众领域，满足了大众的好奇心。在加州理工学院，罗杰·斯佩里

（Roger Sperry）及其合作者沿着一条垂直线创造了"分裂大脑"的轮廓，分割后的两个脑半球以自己的方式运作。基于动物实验，他们又通过切断一些癫痫病人的胼胝体，在人类身上实现了两个脑半球的隔离（但所有的方法似乎都无法治愈这些病人的癫痫）。他们的临床和治疗工作令19世纪的双脑观念死灰复燃并得以更新，变成了：左脑主管理性，右脑主管感性。斯佩里在1984年获得诺贝尔奖时提出他不赞成滥用半球二分法，这也是有道理的。

注意事项

鉴于脚注中已经附有参考书目，因此笔者决定不再单独列出书目概览。

第一章

古老与现代

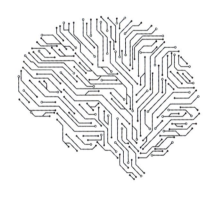

1. 遥远的足迹

　　纽约医学院保存着对一种历史久远的象形文字的记录，其中有迄今为止人类文化史上第一个关于大脑的书面参考资料。这部鸿篇巨制——《艾德温·史密斯纸草文稿》（*Edwin Smith Papyrus*，4.68 米 ×0.33 米）的成书年代可以追溯到大约公元前 1600 年。尽管并非全本，幸而现存内容中包含了更早时期（约公元前 2200—前 2000年）的医疗外科观察记录。一位名叫艾德温·史密斯的美国古董商于 1862 年在卢克索买下了这份文稿。由于对象形文字缺乏了解，他没有意识到该作品的重要性，所以未曾尝试将它公之于众，也并未对作品进行翻译。到了 1930 年，芝加哥大学东方研究所的创始人兼主任詹姆斯·亨利·布鲁德（James Henry Breasted）才将自己耗时十年翻译的《艾德温·史密斯纸草文稿》出版（附有英文版本和注释）。《艾德温·史密斯纸草文稿》按照从上到下的解剖顺序，对人体躯干进行了翔实的描述。书中还分析了 48 个临床病例，一半以上涉及头部受伤，并附有诊断、预后和可采取的治疗方案。书中第 9 个临床病例与额骨骨折有关，十分值得关注。文稿中记录艾德温·史密斯采用了一个神奇的配方，将鸵鸟蛋壳研磨，与膏药搭配使用。就目前发现来看，在绝大多数案例中，"经验理性"态度占了上风（尽管这个词在当代已经不再使用），外科医生仔细检查因为某些特定自然原因损坏的器官和组织，并以严谨的逻辑推理来说明问题。同时，我们还需注意第 6 个临床病例中的描述：某个人头上有明显的易与外界直接接触的开放性伤口，在伤口处除了颅骨和裂开的脑膜之外，还能观察到一种跳动的物质，触之生疼，其表面的褶皱与熔化的铜形成的波纹相似。艾德温·史密斯使用了一个术语来描述这种物质——"封闭在颅骨中的器官"。据称，上述的开放性伤口永远无法治愈。在第 31 个临床病例中，介绍了颈椎骨折会伴有瘫痪和四肢麻木的症状，医学专家对此进行了分析。另外，在其他病例中也有对脑脊液以及失语和中风等病症的提及[1]（图1.1）。

---

[1] 详见：詹姆斯·亨利·布鲁德，《艾德温·史密斯纸草文稿：以摹本和象形文字音译方式出版，分两卷翻译和评论》，芝加哥：芝加哥大学出版社，1930 年，第一册，164—175 页、323—332 页。关于《艾德温·史密斯纸草文稿》还可以参考：埃德温·克拉克（Edwin Clarke）、丹尼尔·奥马利（Daniel C. O'Malley DO），《人脑与脊髓：从古典时期到 20 世纪的著作说明的历史研究》，伯克利-洛杉矶：加利福尼亚大学出版社，1968 年，383—384 页。在此，我对玛利亚·卡美拉·贝特罗（Marilina Carmela Betrò）给我的慷慨帮助表示由衷的感谢。

图 1.1：首次被书面记载的，描述大脑及其表面褶皱的符号。

《艾德温·史密斯纸草文稿》的作者至今仍然未知，尽管在 1930 年出版的序言中，布鲁德有以下猜测：有可能是印和阗（Imhotep）制定了这部举足轻重的作品的第一版。他是法老左塞尔（Djoser，古埃及第三王朝的法老，约公元前 2650 年）的大臣和赫利奥波利斯的祭司，同时也是建筑师、医生。死后被尊为神。后来，在泛希腊化时期，他被尊崇为能够与希腊医学之神阿斯利皮亚斯（Asclepio）比肩的人物。但如今，大多数埃及学家并不这么认为，他们指出，印和阗已是文稿问世几个世纪后的人物了。除此之外，布鲁德还强调，传统认为古埃及的医疗实践完全由魔法、宗教主导，而该文稿则削弱了这种传统观点，毋庸置疑的是，早在公元前 3000 年，显然已经有人知道如何用客观方法评判可观察到的现象，并从中得出对解剖学知识和治疗实践都有用的结论。[1]

关于埃及医学的信息主要源于另一部纸草文稿——《埃伯斯纸莎草书》，这份纸草文稿原为艾德温·史密斯所有，但在 1873 年辗转至德国埃及学家和小说家埃伯斯的收藏中，因此该书也以后者

---

[1] 详见：詹姆斯·亨利·布鲁德，《艾德温·史密斯纸草文稿》，芝加哥：芝加哥大学出版社，1930 年，第 1 册，14—15 页。

的名字命名。该文稿目前存于莱比锡大学的图书馆。其成书年代可以追溯到公元前 1550 年左右，书长达 20 米，包含一百多页的象形文字。作者针对五花八门的棘手情况——从如何处理鳄鱼咬伤的伤口，到怎样消灭侵扰房屋的动物——用大量魔法公式和对应治疗措施，一一提供解决方案。但文稿最核心的部分当属对各种疾病（包括精神疾病）的阐释。书中有一节涉及心脏，其观点是：它是整个器官系统的中心，也是情感和精神活动的发源之处；就像尼罗河通过水库、大坝和灌溉渠道浇灌肥沃的土地一样，作为心脏分支的一系列通道也将空气、液体和固体输送到身体的各个部位；循环血液的不足或过剩会导致疾病，而静脉切除和放血可以使身体恢复平衡。《埃伯斯纸莎草书》体现了以心脏为中心的身体观。这种观点也隐含在宗教信仰中，即心脏会忠实地记录个人的行为和过失：死者的心脏在死后会由冥神阿努比斯（Anubi）用天平称量，天平上有一根象征真理与正义的羽毛。古埃及宗教中所谓的"称量灵魂"（psicostasia）将决定死者的命运（图 1.2）。

阿努比斯亲自监督用防腐香料保存尸体的工作。这是一个漫长而复杂的过程，由祭司戴着信仰中神的标志——黑色豺狼头面具来完成。首先，用一根金属钩子穿过鼻腔，将大脑搅碎取出。当时的人们完全忽视了脑部的价值，是以会将其丢弃。接着在腹部左侧打开一个切口切除内脏，只留下两个器官：心脏和肾脏。心脏对判断死者的来世至关重要，肾脏则被固定在腹膜外面，十分难以提取。

随后需要清理空腔，排出体液，用临时填充物填充；将身体浸泡在盐水中，浸泡时长不固定，然后掏空腔体再次用新鲜填充物填满。提取的器官（肺、肝、胃和肠）经过仔细处理后，需要包扎起来，放在四个古埃及太阳神荷鲁斯（Horus）之子模样的罐子里，保存地点需要尽可能靠近石棺。

木乃伊是来世生命的保证。灵魂能够通过身体与尘世保持联系，从而享用祭品，受到供奉。而凡人遗体的消失，将导致第二次的、彻底的死亡，这是最可怕的。因此，形成了一种制作木乃伊的传统。然而，随着时间的推移及死者社会地位的提高，制作木乃伊的模式也发生了变化。希罗多德（Erodoto）在《历史》第二卷（85—90 页）中，根据成本和质量将手术划分成了三种类型。

在所有身体器官中，大脑就像"掉队的人"，对其他器官漠不关心；而心脏则是感官、智力和性格产生形成的地点。这种想法似乎在所有早期文明中都得到了广泛传播：除埃及以外，在美索不达米亚和印度文化中也有印证。按照《圣经》的记载，"mōah"（在《圣经》之后的希伯来语著作中表示大脑）一词只在《旧约·约伯记》（*Libro di Giobbe*，21.24）中出现过，但在文中它指的是骨髓。而在詹姆斯·斯特朗（James Strong）于 1890 年编著的《贾科莫国王圣经》（*Bibbia di re Giacomo*）词典中，"大脑"这个词条几乎没有出现，而"心脏"的相关词条出现的频率却高达 826 次。[①]

图 1.2：《亡灵书》（《阿尼的纸草》）中的"称量灵魂"，约公元前 1280 年，藏于伦敦大英博物馆。

希腊人继承了东方与中东文化（甚至北非文化）几千年来积累的丰硕知识遗产。而对于历史学家来说，如何厘清希腊与各地文化的联系一直是一大难题。1951 年，埃里克·道斯（Eric R. Dodds）提出了一个不同于传统解释的崭新观点：他强调"连续性"，并依此绘出了一条理性与非理性彼此交织、各种文化共生共存的道路，一反以往"相互继承"的逻辑推理。道斯还强调，自荷马时代以来，希腊人就对超自然的存在有着坚定的信仰。他们非常重视梦

① 详见：约翰·威尔金森（John Wilkinson），《＜旧约＞中的身体》，载于《福音季刊》，1991 年，第 63 期，195—210 页。其中 203 页：詹姆斯·斯特朗，《圣经》的详尽对照表，展示了普通英文版本《圣经》中的每一个字，以及每个字按正常顺序出现的情况等，纽约：Eaton & Mains，1890 年。

和星体对人的影响，高度关注魔法实践和超自然现象。例如，道斯把毕达哥拉斯和恩培多克勒定义为具有预言和治疗能力的巫师、魔法师的学徒、宗教团体的首创者。[①]

据希罗多德（《历史》，第三卷，131 页）所述，早在毕达哥拉斯于公元前 530 年左右到达克罗托内[②]（Crotone）之前，毗邻爱奥尼亚海的大希腊城[③]（Magna Grecia）就已经是古希腊最重要的医学院所在地。出生于克罗托内的戴谟凯代司（Democede）曾在此处受过培训，虽然他不久就移居他处行医，期间还到过波斯国王大流士一世（Dario I）的宫廷，但最后又回到了其出生的城邦（polis）。他一生颠沛流离，最终难逃厄运：在暴君西隆（Cilone）下令追捕毕达哥拉斯主义者时，他不幸落入赚取赏金的恶徒手中，了结此生。[④]

希罗多德没有提到另一个克罗托内人阿尔克米翁（Alcmeone），

① 详见：埃里克·道斯，《希腊人与非理性》，伯克利：加利福尼亚大学出版社，1951 年，140—151 页［意大利语译本：《希腊人与非理性》，米兰：里佐利出版社，2008 年］。关于埃及和希腊医学之间的关系，详见：雅克·乔安娜（Jacques Jouanna），《从希波克拉底到盖伦的希腊医学论文集》，莱顿：布里尔，2012 年，3—20 页；文森佐·迪·贝内代托（Vincenzo Di Benedetto），《医生与疾病：希波克拉底科学》，都灵：埃伊纳乌迪出版社，1986 年。在此，我对玛利亚·米凯拉·萨西（Maria Michela Sassi）给出的相关建议表示诚挚感谢。

② 即克罗敦，古代意大利南部希腊殖民城邦。

③ 大希腊城是公元前 8 世纪至公元前 6 世纪，古代希腊人在意大利半岛南部建立的一系列城邦的总称，其中包括克罗敦城邦。

④ 详见：弗朗切斯科·洛佩兹（Francesco Lopez），《克罗托内的戴谟凯代司和赛斯的乌贾霍雷斯内：大流士大帝的阿契美尼德宫廷中的基础性医生》，比萨：比萨大学出版社，2015 年。

他的生活年代大概在 5、6 世纪之交。关于此人，历史上只留存了 18 份证词和 5 个片段，还有许多事情都难以确定，例如：他究竟是一名医生，还是只是一位生理学家？人们对他研究的东西所知甚少，更不知道他到底做出了何种贡献。由于他曾经违反禁令，从事解剖尸体的工作，所以当时的人习惯将他的研究排除在外。在《形而上学》（*Metafisica*）第 1 册中，亚里士多德坚称，在毕达哥拉斯晚年时，阿尔克米翁尚年轻。这一推断似乎是合理的。在《名哲言行录》（*Vite dei filosofi*，第 8 卷，83 页）中，第欧根尼·拉尔修（Diogene Laerzio）用一个简短的章节描述了阿尔克米翁，称其为毕达哥拉斯的旁听生，并认为他或许是史上第一篇自然学论文的作者。但这一表述后来遭到推翻，相关阐释者通过回顾发现，阿那克西曼德所著的《论自然》（*Peri Physeos*）要早于阿尔克米翁。阿尔克米翁极有可能认为"神灵对事物清晰的认识和知识"（saphéneian）与"人随着时间推移和生活变化得来的知识"（tekmáiresthai）这两个概念是完全不同的，并对二者做了区分。[1] 然而，根据部分阐释者的说法，阿尔克米翁的这句话或许包含着对人的认知可能性的怀疑主义。[2]

---

[1] 详见阿尔克米翁的相关片段：《前苏格拉底主义者：证词与片段》，巴里：拉泰尔扎出版社，1994 年，243 页。关于此论断的重要性，详见：玛利亚·米凯拉·萨西，《希腊哲学的起源》，都灵：博拉蒂·博林吉耶里出版社，2009 年，211 页。

[2] 详见：洛伦佐·佩里利（Lorenzo Perilli），《在哲学和科学之间的克罗托内的阿尔克米翁：新版的来源》，载于《古典文化期刊》，2001 年，第 69 期，55—79 页。

第一章 古老与现代

亚里士多德在雅典大学的继任者西奥弗拉斯特（Teofrasto）的《感性论》（*De sensibus*）是一部具有"学述"性质的作品，它阐释了阿尔克米翁是如何初步区分人类特有的"理解"与动物的单纯"感知"的，同时他的研究也涉及个别感官模式[①]：听力的产生要归功于耳腔中的空间，它与外部空气的运动产生共鸣；视觉的产生则依赖眼睛周围的水，它是图像的透明媒介；味觉的产生源于舌头的结构，它的热量可以融化食物，它的毛孔可以让我们辨别食物；空气通过吸入引入大脑，从而使嗅觉发挥作用。根据杰弗里·劳埃德（Geoffrey Lloyd）的说法，阿尔克米翁通过解剖一些哺乳动物的眼球，发现了一个特定的"通道"（poros），以此确定了从后眼眶到大脑的路径。[②] 这种解释模式中唯一不包括的感觉是触觉，阿尔克米翁把它排除在外，因为他不知道是哪个具体器官让它起作用。阿尔克米翁很可能希望通过感官知觉来解释知识的来源，在其模型中，每一种感觉都有自己的运作模式，通过经验观察或逻辑推理，将信息从外部世界传达给大脑中的特定中心。亚里士多德虽然也曾明确表示从感官所得到的信息（知识）是首位的，超过理智思考所能提供的信息，但他对阿尔克米翁的这种明显的脑中心主义立场持批判态度。哲学家艾提乌斯告诉我们，阿尔克米翁还将精子

[①] 《感性论》的意大利文译本载于路易吉·托拉卡（Luigi Torraca），《希腊的"学述"家》，帕多瓦：锡达姆出版社，1961年，281—313页。

[②] 详见：杰弗里·劳埃德（Geoffrey E. R. Lloyd），《阿尔克米翁与早期解剖史》，载于《苏霍夫档案馆（Sudhoffs Archiv）期刊》，1975年，第59期，113—147页。

的产生与延髓（一种脑物质）联系起来，并在大脑中确定了胚胎中第一个形成的器官（Aët. V 3， Dox. 417）。

公元前 6 世纪的米利都的阿那克西美尼认为空气是一种原始元素，而生活在公元前 5 世纪下半叶的阿波罗尼亚的第欧根尼也延续了这种学说，他认为：元素是神圣的、多形态的东西，无处不在且支配着一切，从而成为生物体中的"精神来源"（psyche）。西奥弗拉斯特的《感性论》告诉我们，对于前苏格拉底时期的人来说，空气也是感觉、快乐和痛苦的媒介（39—45 页），相关信息详见于第欧根尼·拉尔修的《名哲言行录》①。根据阿波罗尼亚的第欧根尼的说法，感觉的敏锐度与将空气输送到大脑的通道的宽窄有关，通道越窄，感觉就越敏锐和越直接。而且思想可以由纯净和干燥的空气产生，但会受到水分的阻碍。动物的智力较低，因为从地面升起的空气会被它们立刻吸入——相反，人往往保持直立——它们还会吃更潮湿的食物；至于鸟类，它们坚硬的肉体使空气无法渗透进整个身体，这一点限制了它们的智力。阿波罗尼亚的第欧根尼的自然主义研究，其最原始的动机在于认识到生命与思想、身体结构与智慧之间存在着一种联系，从而能够解释生物之间的差异，以及人对普遍的"意向活动"（nòesis）的不同参与程度。

---

① 第欧根尼·拉尔修约生活于公元 3 世纪上半叶，生平不详，编有古希腊哲学史料《名哲言行录》，是迄今最完整地记录了古希腊绝大多数哲学家生平、言行及思想的著作。

第一章 古老与现代

在同一时期，还有诸多关于自然的假说，而德谟克利特则提出了与大脑中心地位有关的原子论。他认为物质是原子的集合体，这一点则决定了感官知觉：当你看到一个物体时，你会被物体流溢出的原子所打动。这基于恩培多克勒的理论，可以解释嗅觉、味觉和触觉的运作模式。至于对声音的感知，则是由夹在耳朵和声源之间的空气的振动引起的。从人的身体中会散发出类似薄膜的物质（eidolon），它保留了感知的模式，通过在有生命器官的原子链的聚集再现感知。因此，感官知觉是结构改变的结果，是一种与生命相关的现象。精神原子主动接受与之接触的原子集合体，从而产生感官感受。在这一理论中，凡人的灵魂是由火属性的、球形的、具有能动性的原子组成的；它们散布全身，在大脑中尤其集中[1]。

有这样一个著名的寓言故事：德谟克利特一直发出持续的笑声，他的朋友们见状非常担心，以为这位伟大的哲学家失去了理智，陷入了疯魔，于是向医生希波克拉底征求意见。希波克拉底在与之交谈过后，给出了让人目瞪口呆的诊断结果：德谟克利特根本没有疯，相反，他比任何人都更聪明。他只是在情不自禁地嘲笑他人的无知，嘲笑他人追逐财富，嘲笑他人不断失败，嘲笑他人的争吵，嘲笑他人不知如何行善。故事文本的佚名作者应该生活在公元前 1 世纪左右，后来埃米尔·利特雷（Émile Littré）将这次咨询的过

---

① 详见德谟克利特书中关于灵魂的部分：《片段集：所罗门-卢里亚的解释与评论》，米兰：邦皮亚尼出版社，2007 年。

程以信件的形式记录，并收录进了希波克拉底的作品集中。①

　　希波克拉底这一人物的历史形象极具不确定性，关于他的逸事与记录纷乱复杂。关于他的第一本传记是由爱菲斯的索拉努斯（Sorano di Efeso）在公元 2 世纪上半叶左右写的，当时希波克拉底已经去世了半个多世纪。希波克拉底应该来自阿斯克勒皮亚德家族，在公元前 5 世纪到公元前 4 世纪之间出生，生活在科斯岛，在那里，他建立了一所重要的医学院。关于他作品的问题非常棘手，尤其是《希波克拉底文集》中存在约七十篇用爱奥尼亚方言写就的文章，它们与作者的身份、活动和教学有何关系也需要进一步研究。关于这一问题，20 世纪初的希腊学者乌尔里希·冯·维拉莫维茨-莫伦多尔夫（Ulrich von Wilamowitz-Moellendorff）却认为希波克拉底不过空有虚名，其实没有留下任何作品②。

　　希波克拉底的这些作品中，有许多质疑并挑战了当时医疗领域的迷信和魔法，肯定了以经验和理论为基础的新概念医学的作用。基于某种物理学的概念，事物或现象变得可以理解，其存在和作用

① 这些信件详见：《希波克拉底作品集：埃米尔·利特雷翻译的新版本》第九卷，巴黎：贝利埃出版社，1861 年，321—380 页。意大利语译本参见：希波克拉底，《论笑与疯狂》，伊夫·赫桑（Yves Hersant）主编，巴勒莫：塞里奥出版社，1991 年。
② 详见：乌尔里希·冯·维拉莫维茨-默伦多夫（Ulrich von Wilamowitz-Moellendorff），《普鲁士皇家科学院会议报告中的希波克拉底文字》，柏林，1901 年，2—23 页；杰弗里·劳埃德，《希波克拉底问题》，载于《古典研究季刊》，1975 年，第 25 期，171—192 页；雅克·乔安娜（Jacques Jouanna），《从希波克拉底到盖伦的希腊医学论文选集》，莱顿：布里尔，2012 年，3—20 页。

等一系列属性也变得可以界定。总体来说，世界的存在是一个实体，每一个生命体和每一种疾病也都有一个实体。因此，人们认为疾病是有规律可循的，可以被了解，也可以被治愈。[1]

在《希波克拉底语录》中，有一篇在公元前 430 年左右创作而成的文章，其中只研究了一个病症：圣病（Malattia sacra）。它通常与神灵的惩罚或魔鬼的附体有关，因此只能通过超自然的手段来治愈。依照古代医学的传统，它并不属于疾病。而作者则对这种观点提出异议，并将其归到了一般病理学的范畴。作者在文中认为"癫痫"（epilēpsis）症状也是一种疾病，不过需要注意，如果按照现代的癫痫（Fallsucht）概念理解古代语境下的"癫痫"，会产生误解。古希腊语中的"癫痫"一词主要指明显的抽搐。圣病被认为是一种巨大的邪恶之源（megálē nousos），也被称为"赫拉克勒斯的疾病"，后来它与羊痫疯、恶疾、癫痫（Fallsucht）等概念联系在了一起。还应该补充的是，尽管有希波克拉底的解读，但在很长一段时间内，人们仍认为这种疾病的背后，是神灵或魔鬼在作祟。[2]

---

① 详见：马里奥·贝盖蒂，《希波克拉底作品介绍》，都灵：都灵联合印刷出版（UTET），1965 年，9—63 页；杰弗里·劳埃德，《魔法、理性和经验：希腊科学的起源和发展研究》，剑桥：剑桥大学出版社，1979 年（这本书主要讲述希波克拉底）。

② 引自奥塞·滕金（Owsei Temkin），《从希腊人到现代神经学开端的癫痫史》，巴尔的摩：约翰霍普金斯大学出版社，1971 年。

希波克拉底认为人体内存在四种体液，导致圣病的是黏液（flegma）：它是一种寒冷、湿润、稠密的物质，流动性不强，如果过量，就会使人体湿气过重。在所有体液中，血液有不同的特性：它温暖而稀薄，在体内快速移动，承担着诸多职能。在正常情况下，血液比黏液有优势，但有时黏液会控制血液，使血液冷却，阻止其正常活动并导致疾病。空气这一元素非常活跃，在它的作用下，血液和黏液之间会产生斗争。如果黏液不能继续正常的循环过程，就会侵入并腐蚀大脑。气候和环境的变化，也会导致两种体液之间的冲突。同时，希波克拉底在他的另一篇论文《论风、水和地方》中，也分析了多种多样的地理气候、历史社会和对人体健康的影响。

希波克拉底认为大脑（enképhalos）是疾病产生的源头。它是一个由两部分组成的器官，中间有膜将它隔成两半，通过许多细小的"静脉"和两个较大的"静脉"，从全身各处获得输送而来的"气"。如果大脑能够正常进行自我净化，整个头部就会处于健康状态；但如果脑中存在大量污物，就会有不干净的液体流到头部以下，从而产生明显的、渐趋严重的病理特征，直到整个人窒息、失去意识、抽搐。在希波克拉底的文章中，对病人的症状和行为的描述非常丰富：失语、口吐白沫、牙关紧闭、手臂收缩痉挛、眼睛扭曲、大小便失禁等。在其他报告记录中，患此病的山羊经过死后解剖后，会在头部发现一些柔软的、有恶臭的、湿乎乎的东西。治疗这种病症，就像治疗其他疾病一样，首先要利用控制手段阻止病情蔓延，而想做到这一点，就要找到疾病最害怕的东西。当时的医生会通过一些饮食和养生的方法，调节人体的干湿、冷热，而且医生也能做到及时调整治疗方案。他们知道如何调理疾病，而不需要求助于净化巫术、魔术和江湖术士。

令人惊奇的是，大脑可以清晰地区分"快乐、喜悦、幽默"与"悲伤、难过、眼泪"的来源。因为有大脑这个器官的存在，人们才能感知、理解、思考，区分美与丑、好与坏的事物；因为大脑的存在，人们才会有疯狂和谵妄，人们才会被恐惧、失眠、胡言乱语、失忆所困扰。根据希波克拉底的说法，大脑具有巨大的力量：如果健康，它是空气信息的诠释者（hermē neus）和身体的信使（diaggellon）。希波克拉底认为，那些声称人用心思考的观点是错误的。心脏及其周围的横膈膜，只产生"感觉"，不直接参与思维过程（phronesis）。[1]此外，利特雷版的希波克拉底作品还包含一篇关于心脏的短篇论文，这篇文章中有部分解剖学观点，但文章的年代难以确定。编者将这篇文章定义为后亚里士多德主义文章，该文章创作的时间可能晚于公元前4世纪末，其中最重要的部分是肯定了心脏的中心地位，并指出心脏的左心室是人类智慧的发源地，也是灵魂其他部分行动的

---

[1] 详见：希波克拉底，《圣病》，安内里斯·罗塞利（Amneris Roselli）主编，威尼斯：马西利奥出版社，1996年。如需深入分析，详见：罗伯托·洛·普雷斯蒂（Roberto Lo Presti），《以感觉的形式：希波克拉底在其认识论背景下的圣病论文的脑中心主义》，罗马：卡罗奇出版社，2008年。

指挥者。[①]

自公元前5世纪开始，一直到随后的几个世纪里，希腊文化就承担主要心理功能的器官这一问题，产生了一系列争论。人们想要确定支配身体、发号施令的中心。恩培多克勒作为魔术师和智者，继承了俄耳甫斯教以及毕达哥拉斯的思想传统，其文章的第105号片段指出，思想（noema）的主要产生地是心脏，思想是从脉动的血液波纹中产生的。恩培多克勒的血液中心主义，与从阿尔克米翁到希波克拉底作品的脑中心主义路线相对立。在《斐多篇》中（96 a-b），苏格拉底讲述了他年轻时对一种关于自然的研究十分感兴趣，这种研究旨在发掘一切现象的原因：为什么每个人都会产生、存在和灭亡？此外，如果一个人用血液、空气或火来思考，或用提供感觉的大脑来思考，由此会产生怎样的意见、记忆，最后的知识又会是什么（人们总在忘却旧知识中不断学习新知识，直至厌倦）？

①详见：《希波克拉底作品集：埃米尔·利特雷翻译的新版本》第九卷，巴黎：贝利埃出版社，1861年，80—93页；伊恩·洛尼（Iain M. Lonie），《关于心脏的悖论文本》，载于《医学史》，1973年，第17期，1—15页及136—153页。关于心脏的短篇论文的意大利语版本可以参见：保拉·马努利（Paola Manuli）、马里奥·贝盖蒂，《心脏、血液和大脑：希腊思想中的生物学和人类学》，皮斯托亚：佩提特普莱桑斯出版社，2009年，127—162页。

2. 经典大脑

上述话题备受争议。与苏格拉底同时代的第二代毕达哥拉斯主义者、克罗托内人菲洛拉斯（Filolao di Crotone）也讨论了这一主题。在其作品的第13章中列举了动物被赋予理性的四个原则（archai），也称四个中心：提供思想原则的大脑、控制灵魂的心脏、促进胚胎发育的肚脐、排放种子和生育的生殖器。

柏拉图曾赴西西里暴君狄奥尼修斯（Dionigi）的宫廷，买下一本书并依此著成《蒂迈欧》一书，这本书可以追溯到他在雅典去世之前的最后创作阶段。第欧根尼·拉尔修（Diogene Laerzio）认为这本书的出现应归功于菲洛拉斯。该书叙述了宇宙和生物通过伟大创造，为凡人的肉体赋予不朽的灵魂。书中提到了柏拉图此前已在《理想国》中提过的灵魂三分法。他一直坚持这一理念，随着时间的推移，它也变成了柏拉图思想的"原型模式"之一。

我们在《蒂迈欧》（69b—73d）中可以读到，身体包含着奔涌磅礴的激情：首先是快乐，对恶的奉承；远离善的痛苦；大胆与恐惧，然而它们对于危险的预感却是迟钝的；隐忍的愤怒和希望，易受欺骗的心灵。神性被束缚在人的头脑中，为了避免玷污它，躯体通过脖颈的峡谷状结构，与头部相分离。灵魂的凡人属性体现在胸腔中，胸腔分为两部分。第一部分天性好强，雄心勃勃，勇猛易怒，男性气概占据了横膈膜和颈部之间的空间，以压制违抗大脑命令的欲望。心脏作为静脉的终点和流向四肢的血液的源头，则扮演哨兵的角色；肺部具有冷却作用，它能提供呼吸，帮助缓解焦躁。凡人灵魂的第二部分为欲望（epithymetikon），它位于横膈膜和肚脐之间，就像一头蜷缩在摇篮中嗷嗷待哺的野兽，渴望食物、饮料及一切为身体兴致服务的物质，同时也以此延续人的生命及种族。由于无法理解理性的戒律，欲望总是被幻影所迷惑，为此，众神赋予它肝脏。肝脏既是一面镜子，能够接受来自心灵的印象并将其转化为图像，也是人们用来占卜的部位。它时而受苦涩震慑，时而受甜蜜安抚。饮料和食物的容器是下腹部，它与所有肠道协同运作，而肠道的作用是减缓物质的通过和流出速度，以防止持续和贪婪的进食需求干预人类参与哲学和艺术。《蒂迈欧》还阐释了其他身体部件的创造过程。"髓"是身体各部分共有的，其中有比例适当的四种元素，被分割成许多部分。身体中有一个用来容纳神种的球形，被称作"脑"，受头骨保护。柏拉图预见了人最神圣的部分，即主宰所有其他部分的器官，是如何通过模仿宇宙中的球形而被创造的；身体的其他部位则为它服务，防止它在不平整的地面上滚动。因此，腿和胳膊的构造不可或缺。头还被赋予了比"背面"更有价值的"正面"——正面有"脸"以及适应灵魂需要的感觉器官（《蒂迈欧》44d—45b）。

上述解剖学图像和社会政治图谱之间，存在着一种对应关系。在《理想国》第四卷（434d—444e）中，由三大阶级（工匠、战士、统治者）构成的等级制度，与心理的原始三分法有所关联。社会主要的冲突体现在理性需求和非理性需求之间，前者负责命令或禁止，后者则产生欲望和促使满足欲望。存在第三个用于协调的中间元素，即荷马史诗中的气魄（thymos），它是理性需求的自然盟友。就像灵魂各个部分之间协调合作一样，只有国家的各个阶层各司其职时，才能实现正义，而维护正义是整个社会的目标。从这个角度来看，该理论存在灵魂政治化、政治心理学化的倾向。在《蒂迈欧》的宇宙论神话中，"灵魂—城市—身体"三者的关系被紧密联系在一起。灵魂被躯体化了，它的三个部分分布于不同区域，而身体则被心理化了，它成为一个动态的、充满矛盾的结构，服务于理性。

柏拉图将他那个时代的和在他之前的自然主义理论作为其理论工具，他的目的并非促进人们对大脑或其他身体器官的了解，而是揭示困扰"心灵"和"政体"（polis）的等级观念。他的研究出于一种"纯粹的外在兴趣"，因此他对于大脑、心脏和肝脏之间的联系并没有那么强烈的探索欲，其实际目的在于从伦理和政治两方面对当时的生理学提供一种解读。[①] 毕竟，对柏拉图而言，如果感性使人失望，表象的世界使人迷惑，那么思想的本质就只存在于理想的形式中，必须以不同的方式来把握。

　　在对身体的认识上，与柏拉图相比，亚里士多德的研究和著作，更加不同寻常，更加谨慎复杂，而且他意识到了柏拉图构思的缺陷。当时，俄耳甫斯教、毕达哥拉斯的传统理论渐渐失去地位，人们对来世的设想、对死后灵魂自主生活的猜测也随之消解。没有身体就没有灵魂，没有灵魂就没有身体。尽管灵魂中存在着神圣、不朽、永恒的部分，并且它被赋予了思考的能力，但人们对此还没有一个精确的、系统的认知。亚里士多德在解释这一点时含糊其词，为未来人们的阐释设下了阻碍。他的百科全书从物理学开始研究，关注焦点从天文学、大气现象逐渐转至人类。正如我们在《天象论》（ *Meteorologici*，338a—339a）中读到的那样，当时的人们构想是否有可能从一般和特殊的角度，分门别类地说明动物和植物的相关问题；而处理这些问题是一项宏大的事业，能否有开端都很难确定。阐释生命科学的内容，约占亚里士多德全部作品的三分之一，其描述明显继承了早期的自然主义传统，并且受到了苏格拉底、柏拉图

---

① 详见：保拉·马努利、马里奥·贝盖蒂，《心脏、血液和大脑：希腊思想中的生物学和人类学》，皮斯托亚：佩提特普莱桑斯出版社，112 页；杰弗里·劳埃德，《柏拉图作为自然科学家》，载于《希腊研究杂志》，1968 年，第 88 期，78—92 页。

式教学的影响。但他在此基础上也有所超越，并通过整体性的视野和方法，对前人的成果进行了修订和修改。

在亚里士多德的理念中，至少有三个重要概念源于恩培多克勒：物质是由四种元素（水、火、土、气）和四种质量（热、冷、湿／液体、干／固体）构成；"热"在有机体和精神生活中具有中心地位；心脏和血液在身体中有主导性。另一方面，亚里士多德还从爱奥尼亚学派继承了某些观点，如空气在生命中的作用，以及与生殖和生长现象有关的思想。他也经常引用希波克拉底的各类作品，但却完全颠覆了生命科学对医学的依赖关系，认为医学是一种应用技术。通过对农民、养蜂人、渔民、猎人、屠夫和鱼贩的经验知识的分析，亚里士多德获得了信息，充实了上述理论观点。他对昆虫、软体动物、棘皮动物、爬行动物甚至哺乳动物的分析，以及对鸡胚胎发育的研究，都是通过观察来完成的。①

最重要的是心脏。得益于男性精子提供的热量，心脏是胎儿第一个发挥作用的器官，同时也是最后一个死亡的器官。在血液有机体中，心脏还是热量的来源和维持基本生命功能的工具。上帝在身体里，仿佛一个独立存在的灵魂（《动物的运动》），这是大自然的生命之火成长的温床。心脏在中心地位，其余器官越靠上等级越

---

① 详见对亚里士多德的相关介绍：《生物学著作》，由迭戈·兰扎（Diego Lanza）和马里奥·贝盖蒂（Mario Vegetti）主编，都灵：都灵联合印刷出版（UTET），1971 年。

高。可以用水的比喻阐明人体各部分的根本性差异：与水流沉积的泥土相似，每一个内脏都是由血液沿静脉流动留下的沉积物形成。虽然没有任何静脉从心脏中穿过，但它是静脉的根源，它自身也充满了血液（《论动物部位》）。在生殖过程中，胎儿的心脏通过消化过程发挥着基本作用。事实上，精子是营养"凝聚"（pepsis）的残留物，它的主要作用是增强和维护身体运行。

心脏含有大量肌腱成分（neura），与静脉一起连接身体的其他部位，并通过这些肌腱的收缩和放松把运动传递全身。心脏的中间是植物性和感觉性灵魂的所在地。作为感觉器官（sensorium commune），来自外部感官的数据，将通过一个渠道和血管系统从周边汇聚于此。在亚里士多德时期，尚没有将神经作为解剖结构的概念。此后不久，亚历山大地区的医生识别并区分了感觉和运动。

在亚里士多德的文本中，多种身体功能（包括感觉运动功能）的主要媒介是先天的气（普纽玛）。这是一种特殊的物质，类似于组成行星的元素（《动物的繁殖》），它也是灵魂的器官。就其本身而言，理性的灵魂为人的第三层次所有（前文所述统治者），不与身体混合。尽管受到物质因素的影响，它也与心脏的多态作用有关。

应当注意的是，亚里士多德所处的时代，解剖尸体似乎并不合乎法律规定；但此后不久，在托勒密王朝的亚历山大城，此举获得了暂时性的法律准许。亚里士多德发现所有自然现实都具有奇妙之处，即使是最卑微的生物也有，当他解剖研究各类生物并为其辩护时，有时也有些许厌恶感。如果有人认为对动物的解剖学观察不值得，那么在解剖人体，研究其血液、肉、骨头、静脉时，更会感到厌恶（《论动物部位》）。因为当时流行的信仰是活人的某些特性在死亡后也会保留，所以人们并不赞同风干尸体的做法。当时有这样的葬礼仪式习俗：人们在坟墓中留下食物，以便死者能够自我供给。而且只要尸体未被埋葬，灵魂就无法到达冥府，因此埋葬尸体是一种虔诚的行为。比如索福克勒斯笔下的安提戈涅，她为了埋葬弟弟波吕涅克斯，遭受克瑞翁的谴责，最后导致自杀。肢解尸体是一种暴力行为，人们甚至会担心幽灵的报复，更不必说腐烂的尸体还有极大污染性。因此，亚里士多德接受并宣称，他必须对那些在某种程度上与人类性质相似的动物的内部器官进行研究（《动物史》）。

在《论动物部位》中，有一段关于大脑的描述：大脑是一个被骨质外壳保护完好的对称器官，由水和土组成。根据亚里士多德的说法，有血液的动物和软体动物都拥有大脑，但人类的大脑体积最大、最潮湿，两层膜将其包围。紧随其后的是小脑，观察者仅凭眼睛的观察和手的触摸便能确定其不同。大脑可能会缺少血液和静脉，因此给人冰冷的触感。后继者以各种方式对亚里士多德在描述大脑时的模糊言辞与误判进行阐释。在得出大脑会给人冰冷的触感这一结论时，也许亚里士多德没有进行任何经验性的观察，或许他的叙述只是为了证实某一特定理论。更有可能的是，他的直接经验只涉及异温动物，如爬行动物，特别是变色龙和乌龟。这类动物的体温会随环境的变化而变化，其大脑可能比触摸它们的手还要冷，而这个最终观察结果后来被扩展到所有的动物身上。亚里士多德认为只有身体中那些有血液供应的部分才是敏感的，因此不能把任何感知过程赋予大脑。事实上，当亚里士多德触摸豚鼠时，它似乎没有任何感觉，没有任何类似人体某部分受到刺激时的反应。他还认为感觉器官只与心脏沟通，在触觉和味觉方面直接沟通，在视觉、听觉和嗅觉方面通过肌腱和静脉沟通。不过他并未详细解释这些沟通的运作机制。

亚里士多德式的目的论（即认为自然界从不做徒劳的事）顽固且无所不在：它能否容忍某个没有目的和功能的器官存在？大脑也必须有其目的和功能吗？奇怪的是，人们自然而然地认为大脑的存在是为了平衡心脏区域的热量。有血液的动物都有大脑，而其他动物则没有（《论动物部位》），这并非偶然。颅骨处有骨缝，它发挥着调节体温的作用，可以分散多余的热量和湿度，避免病理状态。亚里士多德认为与其他动物相比，人的骨缝最多，雄性动物比雌性动物更多：雄性动物的大脑更大，与更大的心脏和肺，以及更高的温度成正比（《论动物部位》）。几个世纪以来，人们一直就亚里士多德这一论断展开讨论，分析其得出错误结论的原因。毕竟按体重比例，部分动物（如小型哺乳动物和鸟类）的骨缝数量已经超过了人类，而所谓的男女大脑之间的差异也毫无理论依据。

亚里士多德认为睡眠现象也源于大脑。在拥有大脑的动物体内，大脑通过冷却来自食物的血流，使周围区域变得沉重，导致血液和热量向下降落。它们积聚在身体的下部区域，削弱了保持直立姿势或头部直立的能力（参见《论动物部位》《论睡眠》）。尽管亚里士多德是心脏中心论的权威拥护者，但很明显，在对身体的解释中，他牵强地把心脏和大脑联系在了一起，并认为两者相互依赖。作为"生命的主要器官"，最坚固的膜包裹并保护着二者，心脏处于第一位，仅次于心脏的是在动物体内形成的大脑（参见《论动物部位》《动物的繁殖》）。[1]

亚历山大大帝南征北战，建立了庞大的帝国，而他于公元前323年去世后，帝国也迅速倾颓——马其顿诸将（Diadochi）之间的继承战争导致其最终分裂。其中一位马其顿贵族托勒密（Tolomeo，和亚历山大同为亚里士多德的学生）在公元前305年自称法老。自此，他的王朝一直统治着埃及。公元前30年，他的王朝被罗马征服，亚历山大城便成了罗马帝国的伟大首都。为了权力和声望，在建造供奉科学和艺术的守护神缪斯（Mouseion）的

---

[1] 关于这一主题的参考书目数量极多，详见：朱尔斯·苏里（Jules Soury），《中枢神经系统：结构与功能，理论和学说的批判史》，巴黎：Carré 出版社；埃德温·克拉克（Edwin Clarke），《亚里士多德的大脑形式和功能概念》，载于《医学史公报》，1963 年，第 37 期，1—14 页；图利奥·曼佐尼（Tullio Manzoni），《亚里士多德和大脑》，罗马：卡罗奇出版社，2007 年。

大殿时，皇家进行了赞助。这个大殿也是会议和教学场所，设有一座大型图书馆，里面收藏了许多莎草纸。除此之外，托勒密的专制主义王朝不仅能为医生提供可解剖的死囚尸体，而且还提供可进行实验的活囚。[1] 相关医生因此遭到指责：把尸体当作没有权利、可以随意摆弄的物品。他们为自己辩护，声称实践和解剖知识的益处，终会超过为此付出的代价，牺牲少数罪犯可以为所有无辜者带来巨大利益。

在这些医生中，有一位是卡尔西顿的希洛菲利（Erofilo di Calcedonia）。将近五百年后，他成了辩护士特图良（Tertulliano）的攻讦目标。后者称希洛菲利为"医生"或"屠夫"（lanius），而希洛菲利出于对"人的憎恨和对知识的热爱"，"在自然的审视下"解剖了六百具尸体（《论灵魂》）。他的十几篇论文没有一篇留存下来，我们只能在其他资料中找到他的相关信息，这些资料中记录了他对眼睛、大脑、神经、循环系统、肝脏和生殖器官的研究。作为一名技艺娴熟的解剖学家，据说希洛菲利能够将大脑与小脑（parenkephalis）区分开来，能够追踪大脑和脊髓的神经走向，并对三层脑膜进行了准确描述。

希洛菲利认为第四脑室是神经系统的中心和智慧的所在，将其

---

① 详见：詹姆斯·朗瑞格（James Longrigg），《公元前 3 世纪亚历山大的解剖学》，载于《英国科学史杂志》，1988 年，第 21 期，455—488 页；詹姆斯·朗瑞格，《希腊理性医学：从阿尔克米翁到亚历山大人的哲学和医学》，纽约：劳特利奇出版社，1993 年，177—218 页。

比作用于书写的笔槽，并用"写翻"（calamus scriptorius）或"希洛菲利"（Herophili）一词来表示第四脑室的三角结构。不仅如此，他还用"窦汇"（torcular Herophili）这一术语来描述类似于按压凹槽的枕部的高度。通过大量的解剖研究，希洛菲利展示了神经元的解剖学特性：神经元源于大脑，分为感觉神经和运动神经。他也追踪了视神经的路径，以此对眼睛的某些部位进行了分析。他区分了静脉与动脉，对各类心脏搏动活动进行了分类，并通过水钟进行了测量。最后他在研究中对女性生殖器与男性生殖器做了比较[1]。

稍微年轻一点的埃拉希斯特拉塔（Erasistrato di Ceo）则是亚历山大医学院的另一位院长。他的作品大多失传，仅存只言片语。倘若要进一步挖掘他的思想，我们必须求助于后世的资料，如爱菲斯的鲁弗斯（Rufo d'Efeso）、索拉努斯（Sorano）、塞尔苏斯（Celso），尤其是克劳迪亚斯·盖伦（Claudius Galenus）的作品。根据盖伦在《论身体各部器官功能》（De usu partium）和《希波克拉底与柏拉图》（De placitis Hippocratis et Platonis）中的记载，埃拉希斯特拉塔将大脑的脑回，比作剖开腹部看到的蜿蜒曲折的小肠。这种相似性为后来的专家着手绘制皮质结构图像提供了极大便利。[2]

埃拉希斯特拉塔还将人的大脑与其他动物的大脑做了比较。

---

① 详见：海因里希·冯·斯塔登（Heinrich von Staden），《希洛菲利：亚历山大早期的医学艺术、翻译和论文》，剑桥：剑桥大学出版社，1989年。
② 详见：《埃拉希斯特拉塔作品集：伊万·加罗法洛编》，比萨：加尔迪尼出版社，1998年。

他认为人类拥有更多和更复杂的脑回，因此在智力上更胜一筹。不过，到了公元2世纪下半叶，盖伦借助驴子的例子驳斥了这一论点。盖伦后来被奉为一个难以捉摸的神话般的人物，因为他观察出了运动神经和感觉神经与大脑连接的模式，并认定是"灵气"在传递感觉，从而让肌肉运动。他指出：驴子的大脑脑回显然不比人类的少，如何能假设这些脑回是衡量智力的标准？所以，人类的智力更多地体现在"思维"的独特优势上，而非受大脑构造的复杂性影响；并且，人类的高贵之处，不在于人类的大脑具有更大的质量，而在于人类的大脑具有"动物灵气"。科斯的普拉萨戈拉（Prassagora di Kos）和菲洛蒂莫（Filotimo）师徒二人（后者生活在希腊时代）曾提出：大脑上有吸盘吸附脊髓，正因如此，大脑才会扭曲延伸。盖伦则认为这一观点非常荒谬，予以驳斥，他认为与延髓相邻的小脑根本没有类似的沟回结构。此外，延髓靠近大脑的底部，其组成丝毫不弯曲（《论身体各部器官功能》第8章）。

当时人们称脑回为埃利格（eliké）或埃利格玛（eligma），盖伦对这些词语没有任何补充解释。受神学影响，他从不关心大脑的未知功能。但是他对心室的大小、位置、形状和分隔心室的小孔颇感兴趣：心室和分隔心室的小孔负责吸入和呼出空气，同时也输送"生命灵气"，心室之所以分为两个部分，是因为双器官比单器官更安全。他在文章中介绍了心室系统的解剖图像，并做了详细描述。事实上，盖伦并非是为了阐述心脏是灵魂所在，但在后来的一千多年里，对这种看似与灵魂相关的功能的描述引起了公众的关注，而大脑的物质存在仿佛只是为了与心脏做区分。在未来很长一段时间内，对大脑结构的重点强调，将成为关于大脑论述中的一大特征，后来几乎变成了唯一的话题。

盖伦解剖了猴子、猪和其他哺乳动物，但从未解剖过人体，因为罗马法律禁止这一行为（图 1.3）。他在公元 162 年抵达罗马，此前，他曾在亚历山大主要院校的大师门下学习哲学和医学，并在其家乡帕加马的角斗士学校当了几年医生。他颇有野心，在马库斯·奥勒留（Marcus Aurelius）和塞普蒂米乌斯·塞维鲁（Septimius Severus）政权交替的时期，曾为多达四位皇帝服务。他的鸿篇巨制包括五百多篇论文，其中许多论文在公元 191 年的一场大火中烧毁，幸运的是，他本人得以生还。盖伦的作品有三分之一得以留存，在卡尔·戈特洛布·库恩（Karl Gottlob Kühn, 1821—1833）编纂的二十卷作品中占了整整九千页。盖伦从生理学开始，对以前所有的医学、哲学和科学进行了总结。在非理性主义日益滋生的时代，盖伦试图推翻那些含糊不清、毫无根据的说法，揭露江湖骗术。而早在几个世纪前，希波克拉底就已经做过类似尝试，而盖伦的学说大多从希波克拉底那里继承而来。

图 1.3：盖伦展示，被切断喉返神经后，猪会丧失发声能力，
《盖伦全集》（威尼斯，1541 年）扉页中的下部分插图。

盖伦的哲学医学是对人的普遍共性的研究，重在经验观察和严谨论证，也被认作是对希波克拉底医学、亚里士多德逻辑学和柏拉图人类学的某种融合。盖伦从柏拉图那里继承了灵魂的三分法，在他看来，这一理论在希波克拉底的著作中也被验证过。尽管盖伦对亚里士多德充满敬意，但他们的观点相去甚远，这种差异性在对大脑功能的认识上尤为明显。盖伦还提到了亚历山大的医学传统及其衰落。事实上，早在公元前 2 世纪，解剖法就已经失传（解剖经历了一种倒退，人们又回到了只解剖动物的时期）。在解剖人体是否合理的问题上，伦理、宗教性质的反对占了上风。

在盖伦最伟大的解剖生理学作品中，他讨论了人的身体各部分是如何被完美地设计出来的，人体是如何适应其作为有智慧的动物（甚至可以说是最具智慧的动物）的本质的。身体是灵魂的工具，每种动物的身体结构都差异极大，正是因为动物们有着不同的灵魂。盖伦作品的第八册到第十册，都在论述颅腔和感觉器官。他明确反对亚里士多德的观点，即大脑的功能是冷却来自心脏的热量。他指出，倘若如此，自然造物主就不会把大脑放在离心脏很远的地方，而事实上，在心脏附近有另一个冷却器官——肺。不仅如此，我们很容易发现，大脑总比空气温暖得多，这是对亚里士多德坚信的"事实"的有力反驳。亚里士多德同样坚持以观察为本的重要性，但他却否认解剖学证据，盖伦对此感到十分诧异。惊讶之余，他也提出了抗议，他抱怨道："并非所有的感觉器官都与大脑有关，这一点毋庸置疑。"（《论身体各部器官功能》，第 8 章，615—617 页、620—622 页）斯多葛派的克里西普斯仅仅根据词源学论据或诗句便宣称，心脏即灵魂的所在地。盖伦认为他应受指责，因为唯有解剖能够做出证明——只有找到实现感觉、运动功能的源头和脉络，才能证明灵魂所在，但斯多葛派的克里西普斯并未做到这一点。

对呼吸的认识，代表了盖伦生物医学学说的基本观点。理性的灵魂和"气"（普纽玛）以呼吸这种方式联系在一起形成实体：前者通过后者，即质子有机体来表现其活动。"气"可用各种方式来诠释，围绕它发展出了具有深刻内涵的理论架构。在前苏格拉底时代，它被认为以空气的形式存在；后来，亚里士多德将其诠释为生命、感知和精神活动的基本媒介[1]；斯多葛派认为"气"有相当高级的功能；希洛菲利和埃拉希斯特拉塔继续沿用这一观点，但没有

---

[1] 详见：亚伯拉罕·博斯（Abraham Bos），《灵魂及其工具——人体：对亚里士多德生活哲学的重新诠释》，莱顿-波士顿：布里尔出版社，2003 年。

阐述出一个完整的理论。在盖伦看来，"气"的产生从吸气开始：空气在肺部被转化并转移到心脏的左心室，在那里，被心脏的先天热量影响成为重要的"生命灵气"；动脉将其输送至大脑，经过两种血管结构（即位于大脑基部的网状丛/奇异网和存在于脑室系统中的脉络丛）后，完成生命灵气向动物灵气的蜕变。盖伦声称自己是第一个系统、严格描述心室系统的人，他在心室系统上进行了压力、切口、创伤实验，从而发现了"灵气"和器官的运作规律。至于灵魂，他没有在大脑中指出它的特定位置，没有解决它与身体的关系，也没有解决死亡的问题①。然而，还有一点不容忽视，希腊和拉丁的斯多葛学派、逍遥派，长期忠实地捍卫心脏中心主义，他们都是亚里士多德的后继者，比如阿弗罗狄西亚的亚历山大，他也很了解盖伦。

盖伦认为希腊语中的"大脑"（enképhalos）一词并不恰当。最初，"enképhalos myelós"的意思是"包含在头部的骨髓"，但骨髓和脊髓未被区分。为避免语义上的歧义，必须对它们精确命名，盖伦想推翻旧的理论。他指出大脑并非脊髓的一部分，相反，脊髓是大脑的延续。盖伦将大脑比作河流的源头，认为感觉和运动都从这里流过。这一器官有许多基础性的功能（甚至灵魂的高级

---

① 详见：朱利叶斯·罗卡（Julius Rocca），《盖伦的大脑论：公元 2 世纪的解剖知识和生理推测》，莱顿-波士顿：布里尔出版社，2003 年，59—66 页、113—244 页；C.U.M. 史密斯等人，《动物精神和神经生理学的起源》，牛津：牛津大学出版社，2012 年。

能力也依赖这一器官），仅仅用图谱性的"enképhalos"一词描述似乎并不合适，无法揭示大脑的作用。随后，他提议用拉丁文的"cerebrum"来代替（《论身体各部位》，第 8 章第 2 节）。事实上，"cerebrum"这个词在词源上也并不是中性的：现在，它的印欧语词根是"*keres-"（身体的最高部分），它所指涉的更多是地点而非功能①。

---

① 详见：奥登·隆戈（Oddone Longo），《大脑之名：盖伦对亚里士多德的反驳》，载于《帕杜亚科学院、文学和艺术学院的文献及论文收录》，1994—1995 年，第 107 期，131—134 页。

3. 空心脑室

对大脑内部和最外层可见部分的精细研究，一直以来相对滞后。为何这些部分研究会在长达几个世纪的时间里遭到忽视呢？有人认为，从古典时期到至少 16 世纪，人们的注意力都集中在脑组织的明显空隙上。约 4 世纪末，拜占庭的波塞多纽（Posidonius）是最早认为脑具有精神能力的人之一。几十年后，拜占庭医生埃提乌斯（Aetius of Amida/ Aezio di Amida）证实了这一点。他说，资料显示：如果大脑前部产生病变，只会影响想象力；而如果正中脑室受损，人就会失去理性；如果大脑后部受到影响，上述两种能力都会丢失，包括记忆的能力[①]。埃梅萨（现叙利亚）主教内梅西奥（Nemesio），曾在 4 世纪下半叶写过一篇论述人类本质的论文，

---

① 详见：约翰·斯卡伯勒（John Scarborough）（编著），《拜占庭医学研讨会》，巴尔的摩：敦巴顿橡树园出版社，1985 年。

他认为灵魂是"无形性实体"（asomatos ousia），不属于物质，但它与身体紧密相连，如同光与空气的结合。因此，灵魂不能被定位。尽管灵魂的某些功能会在产生"灵气"的脑室或是其他不同的脑室里实现[1]。

此后不久，希波的奥古斯丁（Agostino d'Ippona）就证实了内梅西奥论断的正确性。医学文献中提到他列出了三种脑室：第一种位于面部附近，是感觉器官的发源地；第二种位于脑后，靠近大脑底部，拥有运动功能；第三种则在另外两种之间，拥有记忆功能。当这三个区域受到疾病影响时，它们就会有病理性的表征。奥古斯丁敏锐地指出，灵魂仿佛有自主意识，并不服从于脑的这些部分：灵魂指导脑，并通过脑的各个部分满足身体和生命的需要。[《创世记字解：十二部》（De Genesi ad litteram libri duodecim），第7章，第18.24节]。而对于记忆功能的论述，在其作品《忏悔录》（第10章，15—16页；第11章，27—28页）中得到了扩展。他认为记忆是一个巨大的主观内部空间，容量无法估计，有一种神秘的力量，所以不可能仅仅依赖一个小小的器官。

公元641年，拜占庭的亚历山大城落入阿拉伯人之手，其经济和文化财富也随之被一起吞并，这一事件却促进了希腊科学和希腊

---

① 详见：埃梅萨的内梅西奥，《人的本质》，萨莱诺：莫里涅洛出版社，1982年；罗伯特·夏普斯（Robert W. Sharples）、菲利普·范德艾克（Philip Van der Eijk），《内梅西奥：论人的本质》，利物浦：利物浦大学出版社，2008年。

文化的传播发展。从更广阔的视野来看，领土的急速扩张将伊斯兰教从西班牙扩展到了印度的边界，这种新兴起的文明，将以前的知识体系传播到了各地，同时也在原有知识体系的基础上有所发展。自 8 世纪起，阿巴斯王朝，一个致力于促进和保护艺术、文学和科学的哈里发王朝，统治了巴格达。而出生在黎巴嫩的、具有希腊和拜占庭文化背景的科斯塔·本·卢卡（Costa ben Luca）在巴格达非常活跃，后来，他将许多天文、数学和医学文献翻译成了阿拉伯语。

　　除此之外，科斯塔·本·卢卡还著有一部分析精神和灵魂区别的作品，该作品在 12 世纪被译为拉丁语。他认为非物质（灵魂）具有第二性，产生于心脏的某种灵敏的实体（精神）则具有第一性，它通过静脉传播，使身体充满活力，负责调控脉动和呼吸，并在离开身体时灭亡。同样，大脑和神经中流淌着具有感觉和运动功能的精神，它通过一种蠕虫状的瓣膜从前脑室流向后脑室。当某些事物被记忆唤醒时，瓣膜就像阀门一样打开，让精神通过；瓣膜打开的速度因人而异，因此，每个人的记忆能力也会有所差异。身体越完美，精神越强大，思想也越伟大。科斯塔·本·卢卡的这一思想，成了当时认为儿童、妇女或埃塞俄比亚人（即经常受极端气候影响的人）智力相对较弱的说法的理论依据[1]。

---

① 详见：卡尔·西格蒙德·巴拉克（Carl Sigmund Barach），《阿尔弗雷迪·安格利奇：心脏的运动；科斯塔·本·卢卡：动物与精神的差异及其对中世纪人类学和心理学史的贡献》，因斯布鲁克：瓦格纳大学书店出版社，1878 年，115—139 年。

经历了曲折的发展过程，在与阿拉伯科学进行交流后，一个完整的诠释、图像体系逐渐形成，这一体系将主导中世纪的拉丁文化，并在文艺复兴时期达到顶峰。在大多数情况下，这一体系倾向于认为感觉器官（即感觉信息的感受器及其协调者）位于前脑室中；位于中间的脑室里有"理性"与"思考"，感觉信息在此被"分解"；最后，后脑室负责进行信息收集和保存，执行记忆功能。然而，由于时期的不同、作者的不同，对该模式的阐释也在发生变化。有时，程序会变得更加复杂，甚至大脑各部分能力的数量也会有所增加。解剖顺序的选择，也是为了给某些结论提供理论支持：前脑室柔软而潮湿，因此适合融合感觉；中间脑室比较温暖，能够分离纯净物与杂质；后脑室凉爽而干燥，是理想的储存室。

13世纪，阿尔伯特·马格努斯（Alberto Magno）受科斯塔·本·卢克和阿维森纳（Avicenna）启发，制定了一个描述脑室的图像，该图像涉及五种内部感官，分别与五种外部感官相对称[①]。这一时期，亚里士多德的作品及其心脏中心论，一起传到了欧洲。当时，但丁认为：大脑是接收印象的容器；灵魂则与心脏和血液相联系，是生命的根本和精神的来源，精神通过动脉传播，满足身体的需求。一方面来说，灵魂是感情和激情的所在地；另一方面，感觉仍然受理性精神支配，感觉器官通过精神与大脑相连。哲学家和医生之间就

---

① 详见：尼古拉斯·斯泰内克（Nicholas H. Stenech），《阿尔伯特大帝关于内部感官的分类和定位》，科学和国际安全研究所，1974年，第65期，193—211页。

亚里士多德和盖伦的学说展开了辩论，而此前阿拉伯人在这一分歧上也有过类似争论。解决这一问题的方法是引入一种新的概念：根据这一概念，心脏占有中心地位，负责管理大脑，而大脑则掌管与神经系统有关的所有活动。

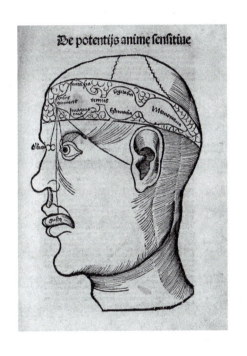

图 1.4：载于格雷戈尔·赖施（Gregor Reisch），《玛格丽塔哲学书》（*Maraarita philosophica*），弗莱堡，1503 年。

因此，从古典时代晚期到 16 世纪这一千多年的时间里，"气"与脑室的诠释体系，仍然是诸多解释里唯一能够让人信服的。而从中世纪末开始，由于需要直观地表现这些假设的过程，相关图像学应运而生。这一图像学得到了广泛传播，约有几十个相关样本散见于众多手稿和印刷品中（图 1.4）。在达·芬奇的解剖学研究中，可以看到上述理论体系生命的"尾声"。

达·芬奇熟读盖伦的《论身体各部器官功能》，并将其视为分析方法和描述方法的模型之一。温莎城堡保存了一些 1489 年的达·芬奇的文件，它们看似是对头骨进行的实证研究，其实是在尝试从几何学的角度确定感官所在之处。这些研究的结论认为，感官存在于球形的颅骨的球心位置（图 1.5）。同一时期的另一幅图展示了脑室的侧面和上部的构造（图 1.6）。大概在 1504 年至 1507 年间，为了展示牛脑中脑室的排列和形状，达·芬奇在牛脑中注射了熔化的蜡，制作了仿真模型。很有意思的是，这张纸上还有一幅非常模糊的脑皮层草图。在达·芬奇大量作品中，这幅图特别值得一提（图 1.7）。[①]

解剖的解禁，已有一段时间。早在 1316 年，博洛尼亚的教授蒙迪诺·德·柳齐（Mondino de' Liuzzi）就报告了两例妇女的尸体解剖结果。他的解剖教科书以手稿的形式在欧洲传播，随后作为讲解解剖技术的教学指南制成印刷品。这一时期，还是有人在质疑解剖尸体的合法性；而解剖材料仍然非常稀缺，受到了严格管制。

---

① 详见：马丁·坎普（Martin Kemp），《莱昂纳多·达·芬奇早期头骨研究中的"灵魂概念"》，载于《沃伯格与考陶尔德研究所期刊》，1971 年，第 34 期，115—134 页；路易吉·贝洛尼（Luigi Belloni），《梵蒂冈解剖学的问题》，载于《芬奇新闻简报》，1983 年，第 7 期，13—52 页；多梅尼科·劳伦萨（Domenico Laurenza），《论人形：莱昂纳多的相貌学、解剖学和艺术》，佛罗伦萨：奥尔什基出版社，2001 年，11—29 页、52—55 页。

如果说在 15 世纪中叶，解剖还可能引起各种问题，那么一个多世纪后，解剖逐渐开始变得不可或缺，几乎成为一种"奇观"，有的解剖甚至在剧场中公开进行。这种做法使得 16 世纪变成了解剖学的"革命"世纪，解剖学开始在欧洲的一些大学中心逐步推广[①]。解剖学学科的诞生，促使人们开始尝试画出真实的人体及各种人体部位，尽管医生和艺术家的合作进展相当缓慢。直到"王室御用画家、建筑师和机械师"达·芬奇在克鲁城堡去世的前一年，第一幅解剖插图才被印刷出来——它由汉斯·韦特林（Hans Wächtlin）雕刻，在斯特拉斯堡出版，并于 1518 年由洛伦兹·弗莱森（Lorenz Phryesen）在《阿兹尼之镜》（*Spiegel der Artzny*）上发表。图片以阿尔布雷特·丢勒（Albrecht Dürer）式的现实主义手法，以解剖的视角展现了一个被绞死者的尸体。他的头部受到解剖，并以六层图像展示，大脑皮层在他未被覆盖的头骨中非常明显（图 1.8）。[②]

① 部分阐释者注意到了这种举措的重要性，另一些阐释者则指出解剖学学科化付诸实践的时间其实很晚，详见：罗伯托·恰尔迪（Roberto Ciardi），《身体、设计和表现》，载于《16、17 世纪乌菲兹美术馆中的解剖学和自然主义图像》，佛罗伦萨：奥尔什基出版社，1984 年，9—30 页；薇薇安·努顿（Vivian Nutton），《文艺复兴时期解剖学插图中的表现和记忆》，载于《认知图像：从文艺复兴到科学革命》，佛罗伦萨：奥尔什基出版社，2001 年，61—80 页。上述内容的概述和阐释可以参见下列作品：安德里亚·卡利诺（Andrea Carlino），《人体构造：文艺复兴时期的书籍和解剖》，都灵：埃伊纳乌迪出版社，1994 年。

② 关于《阿兹尼之镜》，详见：马丁·坎普（Martin Kemp），《从莱昂纳多到伽利略的解剖学和天文学插图中的视觉和视觉化》，载于《1543 年及所有图像、文字、原科学革命中的变化和连续性》，多德雷赫特-波士顿-伦敦：克鲁沃出版社，2000 年，22 页；多梅尼科·劳伦萨（Domenico Laurenza），《寻求和谐：文艺复兴时期的解剖学展示》，佛罗伦萨：奥尔什基出版社，2003 年，74—75 页。

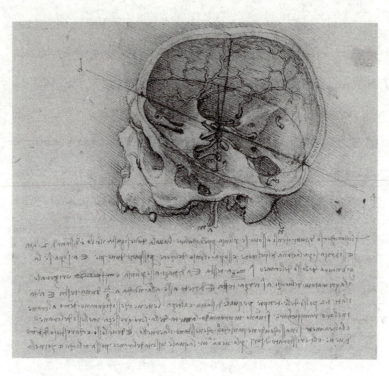

图 1.5：达·芬奇对头骨的研究，藏于温莎皇家图书馆。

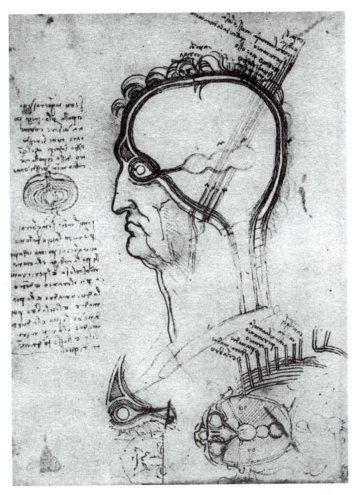

图 1.6：达·芬奇手稿，大脑侧视图及顶视图，藏于温莎皇家图书馆。

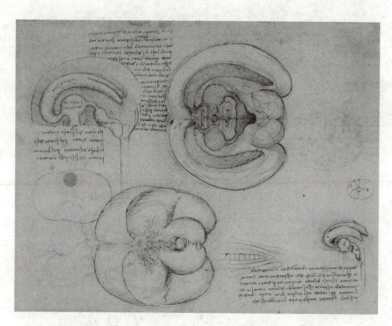

图 1.7：达·芬奇描绘的脑室，藏于温莎皇家图书馆。

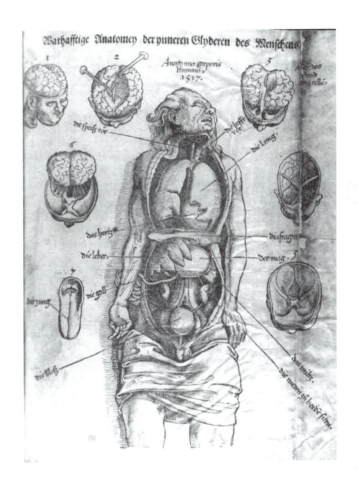

图 1.8：洛伦兹·弗莱森（Lorenz Phryesen）的《解剖展示》，
载于《阿兹尼之镜》，斯特拉斯堡，1518 年。

　　此外，16 世纪上半叶一种分析大脑的技术被开发，巴黎的雅克·西尔维斯（Jacobus Sylvius）也采用了这种技术。1533 年至 1536 年，在巴黎学习的弗兰芒人安德烈·维萨里（Andreas van Wesel）也学习了这种技术，据说他还绘制了一些断头的图像。维萨里后来指责西尔维斯（Sylvius）的其他学生对其进行模仿和印刷。事实上，1537 年在马尔堡出版的《人头解剖学》（*Anatomia capitis humani*）的解剖图版与几年后约翰内斯·德莱恩德（Johannes Dryander）在斯特拉斯堡出版的《人体各部分描述》（*Omnium humani corporis partium descriptio*）中的图版十分相似（图 1.9）。无论是否抄袭，在 16 世纪三四十年代，解剖学家对人体头部解剖一直有着极大兴趣，根据查尔斯·辛格（Charles Singer）的说法，这一风潮的出现有两个主要原因：首先，被斩首处决的人的新鲜头颅往往唾手可得，可供使用，同时其内容物的腐烂速度比腹部或胸部的要慢；其次，灵魂是否"有形"的问题引起了研究者的极大兴趣，解剖大脑是对回答这个问题的一种尝试 [1]。

---

① 详见：查尔斯·辛格（Charles Singer），《维萨里之前的大脑解剖》，载于《医学史杂志》，1956 年，第 11 期，261—274 页。

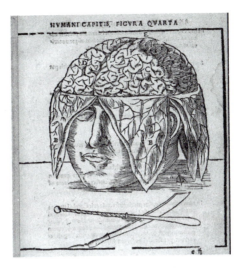

图 1.9 ：解剖序列的第四张图，载于约翰内斯·德莱恩德
（Johannes Drvander），《解剖学：人体前部解剖图》，马
尔普吉，1537 年。

维萨里毕业于帕多瓦，毕业后立刻被任命为外科专家。在
《人体的构造》（七卷本）（*De humani corporis fabrica libri
septem*）的最后一篇文章中，他对大脑解剖进行了描述和说明[①]。
无须重申 1543 年在巴塞尔出版的作品《人体的构造》的价值，就
像哥白尼的发现为天体研究带来革命一样，当时此书已在解剖界引
起了轩然大波。另一方面，维萨里认为提香的一个弗兰芒学生——
扬·斯特凡·凡·卡尔卡（Jan Stefan van Kalkar）所做的数量众

---

① 关于从盖伦到维萨里的大脑研究发展过程，查尔斯·辛格（Charles Singer）作
品的导言中列出了许多参考资料，详见：查尔斯·辛格，《维萨里论人脑》，伦敦：
牛津大学出版社，1952 年。

多的优质图像，值得研究与参考。他在《人体的构造》中指出，大脑中的灵魂有统治权，它与腹部内脏的（好色的）和心脏中的（易怒的）灵魂有本质性区别。他的观点与斯多葛学派和逍遥学派的观点相左。在《人体的构造》第四册中，他指出神经起源于大脑，负责将来自灵魂的生命精神导向身体的各个器官（图1.10）。他不仅进行了事无巨细的分析，还承认了自身的无知：维萨里谨小慎微地阐释了大脑各项功能的工作原理，但是，他确信，所有认为脑室中存在灵魂实体的研究者的理论是不正确的[①]。维萨里对一众哲学家和神学家（包括阿尔伯特·马格努斯、托马斯·阿奎那和约翰·邓斯·司各脱）的反驳相当严肃、激烈，他解剖了一些动物（羊、牛、猫、猴、狗、鸟）的大脑，并指出它们脑室的各个部分没有实质性的差异。脑室的大小仅仅会因为智力水平的不同而有所区别：人的脑室较大，猴子、狗等的脑室则相对较小。不久之后，作为维萨里在帕多瓦的后继者，雷纳尔迪·科伦坡（Realdo Colombo）指出后脑室并不容纳记忆，其任务只是将精神引向脊髓[②]。明确推翻了脑室理论后，维萨里仍然深入研究大脑，并以比绘制大脑皮层更细致的方式绘制了颅腔（图1.11）。

① 详见：安德烈·维萨里，《人体的构造》（七卷本），巴塞尔，1543年，623页。
② 详见：雷纳尔迪·科伦坡·克雷莫纳，《解剖学》（*De re anatomica*），第十五卷，威尼斯：尼古拉斯·贝维拉夸姆印刷出版社，1559年，191页。

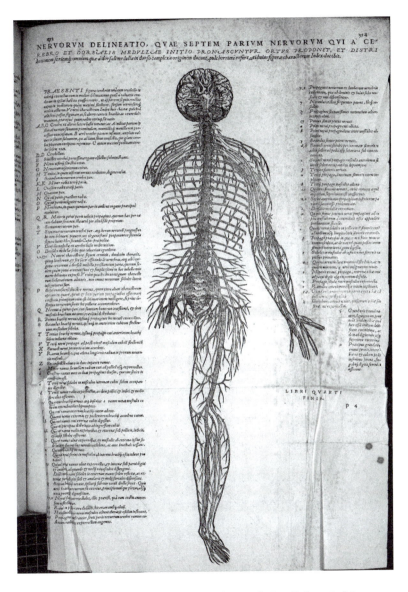

图 1.10：源于大脑的七对神经，载于安德烈·维萨里的《人体的构造》。

图 1.11：脑室的图像，载于安德烈·维萨里的《人体的构造》。

在《人体的构造》第七卷中，他详细阐释了埃拉希斯特拉塔如何恰当地将脑回比作小肠，并补充道，它们让人联想到技艺不纯熟的艺术家或小学生所画的云朵的线条。脑回会以同样的形态出现在驴、马、牛和其他动物身上，此处，维萨里引用了盖伦的笑话："即使是驴子也有皱巴巴的脑子。"但他在盖伦理论的基础上明确指出，脑回的存在形式揭示了造物主的无限智慧：如果大脑的表面光滑，没有任何沟回，动脉和静脉就无处容身；唯有如此，血管才能到达最隐蔽的部位，并为大脑提供必需的养分[1]。但在很长一段时间内，

---

[1] 详见：安德烈·维萨里，《人体的结构》（七卷本），巴塞尔，1543 年，630 页。

维萨里的解剖学并没有对大脑皮层的形态进一步做出研究。

雷纳尔迪·科伦坡的研究主题有些不同，他在自己的《解剖学》（*De re anatomica*）中介绍：大脑皮层的卷曲结构是为了减轻大脑的重量，方便其活动，与灵魂的功能无关。巴托洛梅奥·尤斯塔奇（Bartolomeo Eustachi）的一幅版画证实了大脑中灵魂的功能并不可见。这幅画的年代可以追溯到1552年，但1714年才由乔瓦尼·玛丽亚·兰奇西（Giovanni Maria Lancisi）出版。另外，此系列共四十六幅画，其中的第十八幅画受到了18世纪作家的推崇，被收入狄德罗（Denis Diderot）和让·勒朗·达朗贝尔（Jean le Rond d'Alembert）主编的《百科全书》（*Encyclopédie*）中，并在19世纪初再次被《大英百科全书》（*Encyclopaedia Britannica*）采用。与清晰显示所有来自延髓的精细神经系统图相比，它对大脑褶皱的描绘极具个人风格，使其看起来更像是肠道而不是大脑皮质①（图1.12）。

---

① 皮质虽然显眼，但在研究上经常被忽视，关于这一"悖论"详见：埃德温·克拉克、查尔斯·奥马利，《人脑与脊髓：从古典时期到20世纪的著作说明的历史研究》，伯克利-洛杉矶：加利福尼亚大学出版社，1968年，383—384页；埃德温·克拉克、肯尼斯·杜赫斯特（Kenneth Dewhurst），《脑功能图解历史：从古代到现在的大脑成像（第二版）》，旧金山：诺曼出版社，1996年，65页；查尔斯·格罗斯（Charles G. Gross），《大脑、视觉、记忆：神经科学史上的故事》，剑桥（马萨诸塞州）：麻省理工学院出版社，1998年，120页。

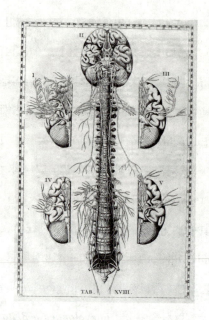

图 1.12：大脑与神经系统的版画，巴托洛梅奥·尤斯塔奇，
《解剖学表》，罗马，1714 年。

教皇格里高利十三世（Gregorio XIII）的医生科斯坦佐·瓦罗留（Costanzo Varolio），引入了一种新的解剖程序：把大脑从头骨中取出来，将其倒置，从底部开始分离各个部分，而非按照惯例从上到下进行切割。这种技术后来也被其他解剖学家采用，它能够为分析提供更好的视野，并有助于分离出被称为"维萨里桥"的环状突起，该突起位于脑峡部下平面的中心①。瓦罗留 32 岁去世，在

---

① 详见：吉多·马蒂诺蒂（Guido Martinotti），《科斯坦佐·瓦罗留及其大脑解剖法》，载于《博洛尼亚大学历史的研究与专题论文》，1926 年，第 9 期，215—223 页。

这之前的两年，他的一本关于视神经的书未经许可，被杰罗姆·墨库里尔（Girolamo Mercuriale）的一个学生出版。其中包括一个脑底部的视图，尽管图中对许多部分进行了细致的图形处理，但脑回的绘制非常粗略（图 1.13）。根据一部 1591 年发表的瓦罗留遗作，他认为硬脑膜深入大脑，因此大脑表面有突出和凹陷，而这些突出和凹陷并无特殊用途[1]。

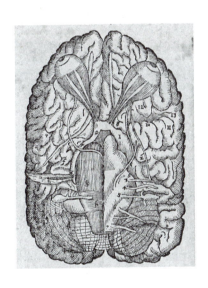

图 1.13：瓦罗留绘制的大脑底部视图。

---

[1] 详见：科斯坦佐·瓦罗留，《描述视神经的解剖学》（ *De nervis opticis* ），帕多瓦：保罗和安东尼·梅耶托兄弟，1573 年；科斯坦佐·瓦罗留，《人体解剖学四书》，法兰克福：韦歇尔与费舍尔，1591 年。

16 世纪末，解剖学蓬勃发展，此时终于有人第一次做出了对大脑结构的基本区分，这个人就是阿坎杰罗·皮科洛米尼（Arcangelo Piccolomini）。他于 1575 年接替瓦罗留，担任罗马教皇的御医职位，服侍了三位教皇。他在绘制作品时，大多从教学目的出发，而不是为了完成艺术品，他在 1586 年出版的《解剖学前选：人的身体结构阐释》（*Praelectiones anatomicae. explicantes. mirificam corporis humanae fabrica*）中绘制了八幅木刻图，其中一幅展示了脑神经，他在勾勒大脑皮层时更多按照云的模型而非肠子的模型（图 1.14）。皮科洛米尼区分了大脑皮层（即灰质）和下面的髓质白质，即：大脑和髓质 [1]。尽管如此，在 17 世纪下半叶显微镜开始应用之前，以这种方式分离两种类型的脑组织并无意义。1586 年皮科洛米尼将皮质物质定义为大脑，然而，"皮质"一词却是在瑞士解剖学家加斯帕德·鲍欣（Gaspard Bauhin）的作品中第一次正式应用的——他在 1597 年的《解剖指导》（*Institutiones anatomicae*）中首次使用了这个词 [2]。根据拉丁语–意大利语词典，皮层的意思很多，可以是果皮、树皮、外皮、果壳、动物外壳。这个术语可以很好表示"外部和表面的东西"，但是它的具体定义，却是复杂且令人疑惑不解的。

---

① 详见：阿坎杰罗·皮科洛米尼（Arcangelo Piccolomini），《解剖学前选：人的身体结构阐释》，罗马，1586 年。

② 阿尔弗雷德·迈耶（Alfred Meyer）也秉持这一观念，详见：阿尔弗雷德·迈耶，《脑解剖学的历史问题》，伦敦：牛津大学出版社，1971 年，121 页。

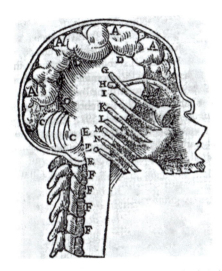

图 1.14：大脑神经及皮质，载于阿坎杰罗·皮科洛米尼，《解剖学前选：人的身体结构阐释》。

4. 巴洛克大脑

　　科学史可以被分为不同的阶段，在部分特殊阶段里，会涌现出大量对某一特定现象的研究及论述。17 世纪下半叶，更确切地说是从 1650 年到 1670 年，有关神经系统的研究达到一个小高峰。1656 年，伦勃朗（Rembrandt）为阿姆斯特丹的外科医生协会成员作群像，并将其悬挂于该市的一个解剖室中。1690 年，该解剖室被拆除，这幅画也被迁入协会新址。1723 年，一场大火将其烧毁大半，只剩下半幅画的中间部分：画上绘有解剖学专家简·德曼（Deyman）的上半身和双手，他正在进行大脑开颅手术，左边的人握着一把手术刀，准备检查大脑皮层。画作草稿中，在主要人物旁边，还有七个观察员围坐在看台上。17、18 世纪的诸多解剖画最大的特点就是尸体面朝画外，有人认为这种构图与安德烈亚·曼特尼亚（Andrea Mantegna）的画作《死去的基督》相呼应。

图 1.15：伦勃朗绘《德曼医生的解剖课》（1656 年），藏于阿姆斯特丹国立博物馆。

也是在 1656 年，哥本哈根的托马斯·巴托林（Thomas Bartholin）发现淋巴管自成系统，这一系统为精密复杂的大脑皮层分配了一个简单的任务——保护大脑内部的血管。尤其是在月圆之日（那时相关研究认为，月圆日会使人失眠），这一天，颅内血管会膨胀甚至破裂。1665 年冬春交替之际，巴托林的学生，丹麦人尼古拉斯·斯丹诺（Niels Stensen），到富有的赞助人、藏书家和东方学家梅尔奇塞德·特维诺（Melchisedec Thevenot）在伊西普雷索的住所中做客，这里是一众学者的集会场所，也是法国科学院的前身。斯丹诺年轻有为，在抵达巴黎之前，就已经以其天才解剖学家的身份广获赞誉。在法国的十四个月里，他受邀在医学院和私人住所中进行解剖演示，得以接触这一领域的学者，这将是他人生中非常宝贵的经验。

斯丹诺面对特维诺及其宾客，宣读了他的论文《关于大脑解剖学的讨论》。按理说，听众听完开头就感到一头雾水：当时，许多哲学家与其他解剖学家都爱添油加醋，仿佛亲眼看到过"大脑"这一精密器官的诞生一般，装出一副全然了解大脑创造奥秘的模样。与他们不同，斯丹诺并没有满足听者对这个精密器官的好奇心，他承认自己对这个时常出现病症、极度危险的器官一无所知。但斯丹诺颇具演说才能，他以承认自己的无知来谴责他人的无知，继而揭示了当时基于对大脑结构和功能臆测而建立的脑部系统学说的不可靠，指出了解剖技术的不严谨之处：当时，有人一口咬定，产生神经的是某种白色物质，它和某种起到包裹作用的灰色物质有区别。他还指出，同样可以确信的是，某些把特定功能归到心脏器官的理论毫无根据。

他演讲的《关于大脑解剖学的讨论》并不止步于推翻原有理论，而旨在规划未来的研究。首先，他认为器官就像机器，必须将机器拆解至最小的齿轮，先分门别类，再对其进行整体检查，每一个部分都需要耗费时间去观察和使用。也许需要花上长达几年的时间，才能发现后来用一小时便可轻松展示的东西。在过去，每个大脑解剖者都坚信自己已经发掘了大脑的全部内容：大脑中的物质如此柔软且没有固定位置，以至于在不知不觉中，解剖学家的手就把各部分按照头脑中事先想象的那样排列起来。对各部分的正确分析需要忠于其自然构造的信息，虚假或不完美的信息，无法满足正确认识大脑的需求。如果对大脑结构所知甚少，那么更无法了解其功能。在研究人脑之前，必须对多个动物物种的头部进行解剖，并研究它们的大脑构造。之所以选择研究动物的大脑，是因为专家可以随意对它们进行操作：可以钻孔；可以在硬脑膜上、脑内容物上、脑室上注入某些药物；可以向脑血管中注射，从而了解什么会干扰动物行动，以及可以采取什么样的补救措施。在斯丹诺看来，每种动物都有不同的大脑，因此，更需要对所有的动物展开研究，即使是最接近人类的物种，也与人类差异显著。

在到巴黎之前，斯丹诺曾在阿姆斯特丹和莱顿待过四年，这一经历对他有重大意义。笛卡尔曾在荷兰生活，一直到 1649 年。在那里，年轻的他有幸结识了斯宾诺莎，并开始对自己的哲学体系进行反思，这对他来说是重要的节点。1664 年，载有创新性神经生理学学说的遗作《论人》①问世。斯丹诺在致巴托林的信中写道：他发现，从天才大脑中迸发出的灵感不乏美感，但他怀疑是否能够

---

① 关于这个问题有大量的参考书目，详见：佛朗哥·奥雷利奥·梅斯基尼（Franco Aurelio Meschini），《笛卡尔的神经生理学》，佛罗伦萨：奥尔什基出版社，1998 年。对该著作二元论的批评在过去二十年里反响巨大，详见：安东尼奥·达马西奥（Antonio R. Damasio），《笛卡尔的错误：情感、理性和人脑》，米兰：阿德尔菲出版社，1995 年。

在别的大脑中找到类似的灵感。在《关于大脑解剖学的讨论》中，我们似乎能看到两个主要"对话者"，第一个是当时已经去世十五年的笛卡尔，他主导了欧洲知识界。笛卡尔想通过描述某种特殊机制，来解释人类的所有行为，他的想法是令人钦佩的，当时有很多人坚信这一理念，但后来它被推翻了。斯丹诺用了好几页纸来展示笛卡尔的猜想与解剖学家在进行解剖时实际看到的东西之间的巨大差距。此外，皮埃尔·伽桑狄（Pierre Gassendi）根据对事实的观察和经验，反对了笛卡尔的数学和几何学论断。伽桑狄本人对脑室理论的其他部分也提出了异议：大量的脑物质，如果仅用于扩张或压缩脑中的空隙，显然是非常荒谬的；如果这一理论属实，应该是大脑中白色的或带硬结的物质在控制灵魂的精神[1]。

斯丹诺的另一位伟大的"对话者"是托马斯·威廉斯（Thomas Willis）[2]，其著作《大脑解剖学》（*Cerebri Anatome*）于 1664 年印刷出版，这是迄今为止对神经系统最完整的描述尝试，旨在揭示灵魂的秘密场所及其结构中的神圣特性。在牛津大学学习后，威廉斯迁居伦敦，投身于利润丰厚的专业实践。作为一名狂热的保皇党人，他在内战期间一直效忠于查理一世，与克伦威尔作战，复辟后

---

[1] 详见：弗朗索瓦·贝尔尼埃（François Bernier），《伽桑狄的哲学思想汇编》，里昂：阿尼松和波苏尔，1684 年。

[2] 详见：肯尼斯·杜赫斯特（Kenneth Dewhurst），《威廉斯和斯丹诺》，载于《斯丹诺与 17 世纪的大脑研究：1965 年 8 月 18 日至 20 日在哥本哈根举行的国际历史研讨会会议记录》，43—48 页。

被奖励在牛津大学基督教堂学院担任自然哲学教授。他很快在身边聚集了一批合作者，在《大脑解剖学》（第二版）的一幅插图中，我们可以看到这些合作者：其中包括克里斯托弗·雷恩（Christopher Wren），他是 1666 年伦敦大火后负责重建工作的建筑师，威廉斯将解剖表的制作工作委托给此人（图 1.16）。

从某种意义上说，威廉斯对神经系统所做的工作，就如同威廉·哈维（William Harvey）对循环系统所做的贡献。威廉斯的作品不乏新奇之处，他也是第一批习惯性使用显微镜的学者，他为大脑研究领域创造了"神经学"这一新术语，以及其他术语（半球、叶、回），并区分了额叶、颞叶和枕叶。在他的理论面世后，脑室失去了历来拥有的中心特权，而此前，人们认为脑中的物质就是知识。威廉斯把注意力集中在大脑灰质上，发现其中有大量血管，也观察到了对称的不均匀物质。他认为人之所以能力超群，是因为人的沟回比其他动物的更多。根据解剖学家的说法，除保护血管外，褶皱和环形结构还能保护灵魂精神，更好接收其信息，而灵魂精神也是想象力和记忆的媒介。在大脑的这些部分中，可感事物将被分门别类地保存，必要时可以帮助回忆 [1]。

时隔两千年，威廉斯的话几乎是在为埃拉希斯特拉塔平反，后者对智力和皮层之间复杂关系的直接观察，曾遭受一众盖伦追随者

---

[1] 详见：托马斯·威廉斯，《大脑的解剖学》，伦敦：提姆·特林（Tim Dring），1681 年，92 页。这是《大脑解剖学》的第一个英译本，在威廉斯去世六年后出版。

的嘲笑。威廉斯的研究，是通过对各种动物的大脑进行系统的比较分析而实现的，分析结果显示，不同动物不仅在脑回上有明显的差异，而且在大脑某些部分结构的大小和形状上也有明显的差异，比如胼胝体、纹状体、丘脑。此外，威廉斯试图在大脑各部分的位置和功能之间建立某些对应关系，他认为"身体的总理"——大脑皮层有两项基本任务，即产生灵魂精神和容纳记忆，它们是感觉触发过程的最后阶段。年轻的约翰·洛克（John Locke）转写了威廉斯1663 年至 1664 年在牛津大学的讲座内容，洛克认为上述观察非常重要，他的哲学也是从这些讲座中得到启发的[①]。

威廉斯对大脑各部分的定位是通过猜测实现的，他通过推测与推理得出结论，并以充满隐喻的不精确语言进行描述。大脑皮层不仅因其形态上的特殊性，被当作"仓库"，还因为人们在试图追忆过往种种时，经常会揉搓他们的太阳穴和额头。在威廉斯所处的时代，有人随意附和他的观点，有人则深入观察，他的许多阐释者都注意到了威廉斯观点中自相矛盾的地方。令人惊讶的是，尽管威廉斯指出大脑皮层有上述重要功能，他却并未委托朋友雷恩在《大脑解剖学》图像中充分展现这些功能。

---

① 详见：肯尼斯·杜赫斯特（Kenneth Dewhurst）编辑，《托马斯·威廉斯的牛津讲座》，牛津：桑德福出版社，1980 年。

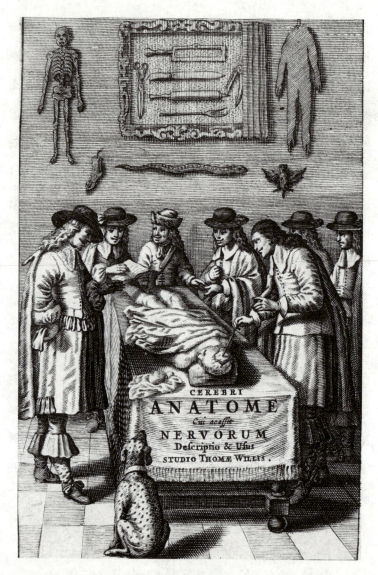

图 1.16：托马斯·威廉斯的《大脑解剖学》封面上的插画。

第一章 古老与现代

需要强调的是，威廉斯认为大脑皮层具有某些特定功能，认为它们与动物和人类共有的感觉、肉体、灵魂有关。两栖动物有一个理性的和非物质的灵魂，而它是没有结构的[①]。这一观点被完全无视了，在很长一段时间内，他的同时代人或继任者都没有把它当作有待验证的假设。在了解威廉斯提出的大脑各部分功能位置（常识在纹状体，想象力在胼胝体，记忆在大脑皮层）之后，斯丹诺在《关于大脑解剖学的讨论》中只是简单评论道：如果对这些假说进行详细研究，将会有许多新发现。但这之后除了 18 世纪的几个没有研究价值的例子以外，要再过一个半世纪，提及的生理学研究，才会有更大的、持续更久的影响。甚至到了 19 世纪初，大脑皮层仍然很少或没有引起注意。

当时也有人根据威廉斯的观点深入研究，但他们的论点是截然相背的方向。1666 年春天，斯丹诺与马切罗·马尔比基（Marcello Malpighi）在罗马会面，这标志着二人坚实友谊的开端。马尔比基在墨西拿教了几年书，后来回到博洛尼亚，对显微镜研究有极大热情。早在 1661 年，他的一本小册子就已经涉及了肺部组织的精细结构；1665 年和 1666 年之间，他还出版了四本涉及神经系统解剖学的小册子。在得知威廉斯的《大脑解剖学》出版后，马尔比基于

① 托马斯·威廉斯主要在 1672 年的作品《生物大观》（*De anima brutorum*）中阐释了"双灵魂动物"的概念。关于这一点，详见：威廉·拜纳姆（William. F. Bynum），《解剖学方法、自然神学和大脑的功能》，科学和国际安全研究所，445—468 页。

1664 年 10 月 23 日写信给博洛尼亚的一位朋友，表达了其想尽快读到这本书的愿望，因为他研究同一主题已有一段时间，并计划写一篇关于大脑结构的文章。马尔比基观察到了一串从脊髓上升到大脑皮层的白色纤维，这也催生出一些问题：它们是不是"通道"？是否有液体从大脑中分泌出来？大脑皮层如何对其进行过滤？脑室是否也是管道的一部分？①

他的四本小册子中的第一本《论大脑》（*De cerebro*）很明显是谈论大脑的，其批评方式不亚于斯丹诺对其前辈的批评——他们沉溺于用可笑且淫秽的名字（臀部、睾丸等）来命名大脑的各个部分。马尔比基接受了皮科罗米尼在 1586 年开创的对灰质和白质之间的区分，并尝试开展对白质结构的主要研究，他重点关注的是鱼的大脑：在鱼的大脑中，白质由类似于睾丸精管的细纤维组成；而神经系统则类似于一棵倒置的树，脊髓是树干，树枝是神经，树根是那些一直延伸到大脑皮层的脑纤维。马尔比基承认他对笛卡尔部分观点的继承，但是他也指出，笛卡尔的假设，是仅通过理性分析进行的，全部缺乏经验证据，笛卡尔描述的特殊机制是抽象的构造，与人类机体的真实情况大不相同。有的人认为位于身体轴心位置的纤维是神经冲动的载体，马尔比基并不认同这一观点，他不认同《论

---

① 详见：《马尔比基致邦菲利的信》，墨西拿，1664 年 10 月 23 日。载于霍华德·阿德尔曼（Howard B. Adelmann）（编辑），《马切罗·马尔比基的通信》，伊萨卡-伦敦：康奈尔大学出版社，1975 年，第 1 册，237—238 页。

人》中的灵魂精神理论，更不认可松果体的主导作用（图 1.17）。

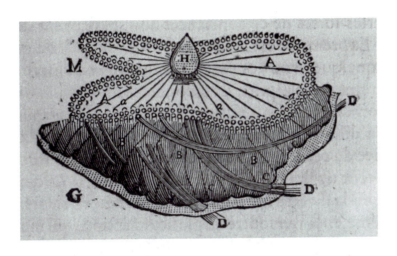

图 1.17：精神离开松果体 H，通过大脑向神经扩散。详见勒内·笛卡尔，《论人》，巴黎，1664 年，69 页。

在第四本小册子《论大脑皮层》（*De cerebri cortice*）中，马尔比基第一次用独立的一章描述大脑奇怪的、凹凸不平的表面。马尔比基同意威廉斯的观点，认为大脑会分泌"神经汁液"，而这个术语指涉的是灵魂精神。为了阐释具体过程，他联想到了过滤器模型：来自动脉的血清将被皮质物质过滤，并扩散到嫁接在其上的髓质纤维，然后沿着神经系统的通道流动。然而，与斯丹诺一样，他觉得自己无法确定诸如常识、想象力和记忆等能力的不同位置。但是他认为可以确定哪个是负责分泌神经液的器官。根据希波克拉底的观点，大脑就像一个大腺体。基于这一观点与研究肾脏得到的某些结果,马尔比基观察到了负责过滤和转化动脉血的大量微小腺体:中空的膜质囊泡,以及被动脉、静脉和神经分支包围的滤泡。排泄管的源头就是这些滤泡。《论大脑皮层》没有插图,但在 1685 年,奥兰治荷兰省督威廉三世的医生戈弗特·比德卢(Govert Bidloo)给出了一个强有力的图像诠释(图 1.18)。

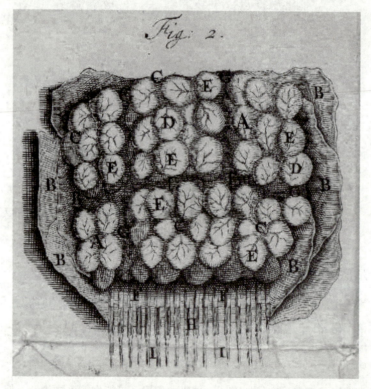

图 1.18:皮层腺体。戈弗特·比德卢,《人体解剖学》(*Anatomia humani corporis*),阿姆斯特洛达米,1685 年。

松果体的模式误导了马尔比基,让他认为自己的实验是准确无误的。如果将一个大脑煮熟，并趁着它还温热的时候取出桥脑，将几滴墨水倒入其中，静置一段时间后在显微镜下观察它，大脑皮层看起来确实像由腺泡组成的。马尔比基通过理论和实践构建了一种新的解剖学，而这种解剖学是"做作且过分精细的"，因为他认为自己必须以艺术的方式分析机体的各个部分。他充满智慧，同时也以大胆的方式进行了研究，但他的研究理论不过是由过于精细的实验编造出的结果，并非事实。但无论如何，17世纪末至18世纪上半叶，大脑皮质的腺体理论研究仍大获成功。

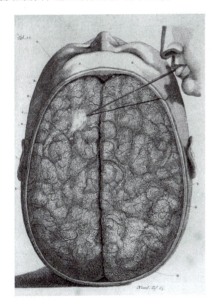

图 1.19：向脑血管中注入物质。弗雷德里克·鲁伊斯（Frederick Ruysch），《弗雷德里克·鲁伊斯解剖－医学－外科全集》，阿姆斯特洛达米，1737 年，图 10。

实验技术对实验结果会有重大影响，这一点毋庸置疑。对马尔比基来说是这样，对荷兰人弗雷德里克·鲁伊斯（Frederick Ruysch）来说也是如此，后者发明了保存器官和组织的有效方法，并学习了威廉斯用液体注射血管的方法，以便研究某些解剖结构（图1.19）。实验后，鲁伊斯确信皮质物质不是腺体，而是血管，脑回的存在只是为了保护动脉和静脉的微小组织，它是皮质的重要组成部分。鲁伊斯在 1699 年 8 月 21 日的一封信中宣布了这一发现①。两年后，安东尼奥·帕奇奥尼（Antonio Pacchioni）重新研究了马尔比基的论文，在帕奇奥尼看来，具有运动能力的硬脑膜有压缩血液的任务，以使血液在皮质腺体中流动并促进神经液的分泌。有人认为，脑膜的最外层等级更高，是负责感觉和运动功能的器官②。

到了世纪之交，比较解剖学的开创性尝试也推动了对大脑的了解。一只年轻的雄性黑猩猩被带到伦敦后不久便死亡，英国医生爱德华·泰森（Edward Tyson）对它进行了细致的解剖。当时，泰森对拟人属的知识还不太了解，因此他给猩猩起了各种名字（比如猩猩、野人、侏儒），并得出了一些令人吃惊的结论：事实上，在黑猩猩的身体里，他发现了 34 个和猿类一样的特征，48 个和人类一

① 在一封关于大脑皮层解剖问题的信中，弗雷德里克·鲁伊斯对密歇根州专家埃内斯图姆·埃特穆勒的答复。载于《弗雷德里克·鲁伊斯解剖·医学·外科全集》，阿姆斯特丹：杨森-韦斯伯格，1737 年，第 1 册，9—28 页。

② 详见：安东尼奥·帕奇奥尼，《论硬脑膜及实用解剖学专题论文》，罗马：D.A.赫拉克勒斯印刷公司，1701 年。

样的特征。由此，他推断出这是连接野蛮人和理性人的纽带，这一点并不是在进化的意义上分析的，而是在所有生物形式分布和相互联结的自然范围的意义上得出的结论。尤为重要的一点是，对黑猩猩的大脑检查显示，它与人类的大脑有着令人吃惊的相似性，鉴于人类和猿类灵魂之间的差距，这一点更加引人关注[①]（图 1.20）。

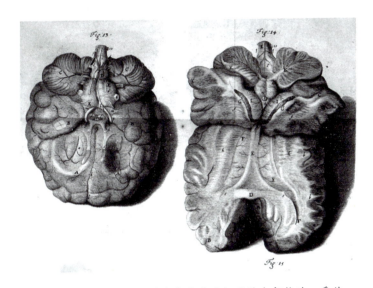

图 1.20：黑猩猩大脑的底部和水平切面的内部构造。爱德华·泰森（Edward Tyson），《猩猩，即丛林人：侏儒与猴子、猩猩和人的解剖学比较》，伦敦，托马斯·班纳特，1699 年。

① 详见：爱德华·泰森，《猩猩，即丛林人：侏儒与猴子、猩猩和人的解剖学比较》，伦敦：托马斯·班纳特，1699 年，54 页。

5. 实验、严谨

即使在此之前对于大脑皮层的研究寥寥无几，即使它的研究只是刚刚进入人们的视野，对于大脑各部分功能的定位仍然对解剖学家产生了一定的影响。乔瓦尼·玛丽亚·兰奇西（Giovanni Maria Lancisi）是三位教皇的私人医生，也是巴托洛梅奥·尤斯塔奇（Bartolomeo Eustachi）插图的编辑。医生兰奇西在 1713 年选择了"一个精美的结构"——胼胝体作为思维灵魂的所在地。笛卡尔一直在找独一无二的、位于中央的器官，兰奇西对此举表示赞同，但他认为选择松果体作为这一器官是错误的。他观察到大脑半球的交汇点，是如何汇聚来自四面八方的髓质纤维的，那些纵向条带后来被称为"兰奇西条带"，似乎没有其他元素比它更适合支持人体不断的运动，比它更适合用于描绘图像。就其本身而言，尽管松果体处于较低的位置，它仍为意志力提供大量能量，威廉斯提到过这个"公共仓库",并认为它承载着想象力。半个世纪后,兰奇西重申了小肠和纤维层的重要性,指出这是一个非双重器官[1](图1.21)。

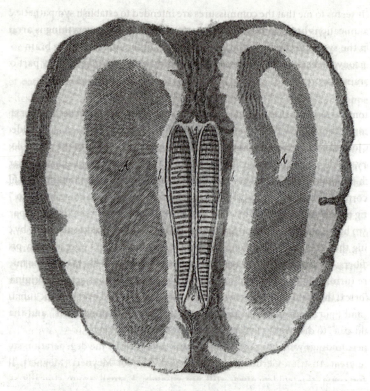

图 1.21:胼胝体。乔瓦尼·玛丽亚·兰奇西,《解剖生理学与论思考的灵魂的居所》,威尼斯,1713 年。

---

[1] 详见:乔瓦尼·玛丽亚·兰奇西,《解剖生理学与论思考的灵魂的居所》,威尼斯,1713 年。

第一章 古老与现代

从这些研究中，衍生出了新的研究传统，勤奋的后继者又基于它提出了一个可实施的方案：研究人类身体的特性，解剖其尸体，从而试图研究那些具有卓越理性能力的人和有严重缺陷的人，他们大脑的某些部分是否有差异。兰奇西在一个死于圣斯佩里托医院的口吃患者身上，得到了某些经验：尽管受试者很年轻，但他所有的大脑物质看起来都比正常人的更白、更紧凑，像凝固的牛奶。由此他得出的结论是，由于缺乏血液和精神，血管无法深入皮质；其胼胝体相当坚硬，胼胝体纵向条纹不完全平行。兰奇西还注意到，在这个变异的大脑中，松果体非常小，几乎不如麻籽大。

此外，几年前，外科医生弗朗索瓦·吉戈特·德拉佩罗尼（François Gigot de la Peyronie）向蒙彼利埃的皇家科学协会通报了六个案例，这些案例因为应用了"解剖学—临床学"方法而取得了很好的成果：一方面可以发现，在人死后，虽然大脑某些部位（包括皮质、松果体）出现病变，但是灵魂的功能被保留了下来；另一方面，干扰灵魂的因素，与胼胝体的改变有关①。在同一时间，另一位法国医生也研究了大脑皮层，但他的研究完全是孤立的，没有与学界对接。弗朗索瓦·普尔福·杜·佩蒂特（François Pourfour du Petit）在其《皇家医院一位医生的来信》（*Lettes d'un médecin*

---

① 1708 年的六个案例在许多年后发展成为十六个，当时弗朗索瓦·吉戈特·德拉佩罗尼在巴黎对上述案例进行了说明，详见：弗朗索瓦·吉戈特·德拉佩罗尼，《为研究大脑中灵魂功能而进行的观察》，载于《皇家科学学院的历史》，巴黎：皇家印刷公司，1741 年，199—218 页。

des hôpitaux du Roy）中叙述了他在很多狗身上进行的实验：他在其顶骨上钻孔，插入凿子，从不同的方向破坏脑物质，并取出破坏后的碎片。通过实验他观察到，狗的对侧四肢有的无法动弹，有的会逐渐无力。实验后，他得知由头部一侧受伤引起的瘫痪，会发生在身体的另一侧。事实上，金字塔形纤维在脑桥下的交叉点，直到18世纪初才被人发现，而上述的《皇家医院一位医生的来信》对这一发现做出了极大贡献。其中普尔福·杜·佩蒂特还提出了这样一个观点：灵魂精神源于大脑皮层的某些部分，它穿过白质的纤维、穿过纹状体，以此来控制四肢的运作[1]。

　　普尔福·杜·佩蒂特对狗的大脑进行实验时，有一位年轻的瑞典人正在巴黎访问，或许他也参观了佩蒂特的实验。这位瑞典人叫艾曼纽·史威登堡（Emanuel Swedenborg），他的职业生涯很特别：1743年之前，他是一个开明、全能的科学研究者；65岁后，他开始出现幻觉，在幻觉里与上帝和天使交流；1772年在史威登堡去世，其追随者建立了新耶路撒冷教会。但在投身于神秘的改宗活动之前，史威登堡已经在大量作品中展示了一种百科全书式的精神。作为矿业委员会的委员（在他改变宗教信仰之前，他一直担任这一职务），他曾对国家采矿业进行重要的创新，设计了一条从哥德堡到斯德哥尔摩的运河，并发明了各种机器。牛顿认为，物质和运动

---

[1] 详见：弗朗索瓦·普尔福·杜·佩蒂特（François Pourfour du Petit），《皇家医院一位医生的来信》，纳穆尔：C.G. 阿尔伯特，1710年。

似乎能够解释所有静止或活动的现象。与同时代的其他人一样，史威登堡梦想着建立一个基于数学的、具有普遍性的科学。他为自己设定了一个目标——用科学描述宇宙起源，1734 年，他的三卷本《哲学和逻辑学著作集》出版，在其中他提出了"星云"假说，比康德和拉普拉斯提出的完整假说早了半个多世纪。一开始他从事物理学研究，随后转向化学，最后研究人类的解剖学和生理学。他的作品《动物界的构造》(*Oeconomia regni animali*)和《动物界》(*Regnum animale*)分别于 1740 年和 1743 年出版，但发行量极小，直到 19 世纪下半叶才被翻译成英文并重新出版[1]。20 世纪初，马克斯·纽伯格（Max Neuburger），一位实证主义的神经生理学历史学家，让人们注意到"瑞典的亚里士多德"——史威登堡很早就提出了许多后来被证实为正确的关于神经系统的观点[2]。

首先，史威登堡认为球状体或小脑与大脑皮层、脊髓是相互连接的。从马尔比基开始，学者们就已在球状体中看到了微小的腺体。早在 1719 年的论文《颤动》(*Tremulationes*)中，史威登堡就认为神经的运动过程，等同于一个非常细小的颗粒从中心到外围

---

① 详见：艾曼纽·史威登堡（Emanuel Swedenborg），由 R. L. 塔菲尔（R. L. Tafel）编辑、翻译和注释的四卷本《从解剖学、生理学和哲学角度剖析大脑》，伦敦：詹姆斯-斯皮尔，1882 年。

② 详见：马克斯·纽伯格（Max Neuburger），《史威登堡与大脑生理学的关系》，载于《维也纳医学周刊》，1901 年，第 51 期，2077—2081 页；乌尔夫·诺尔塞尔（Ulf Norrsell），《史威登堡与定位理论》，哈里·惠特克（Harry Whitaker），《神经科学史中的大脑、心智和意识》，201—208 页。

的振荡过程，反之亦然，这要归功于大脑的波形运动①。小脑作为功能上的自主单位，负责控制所有的感官和思维。也有一些人在描述中过度吹捧神经元理论②，然而，史威登堡仍然认为，大脑皮层具有不同寻常、至高无上的地位，它是具有各种高级功能的、最崇高的物质，是"自主意识的驱动器"。因为通过神经和肌肉进行的任何行动，都首先由意志决定，并且从大脑皮层层面开始。这个结构的组织原则非常复杂，甚至看起来混乱无序③。这些杰出的见解，是来自史威登堡所做的实验，还是仅仅产生于文献中的临床案例？到现在仍然是一个没有定论的问题。但无论如何，同时代的人忽视了他的早期神经生理学理论的重要性，毕竟史威登堡既没有教授职位，也没有学生，他只是一名公务员，也从未做过任何关于大脑的实证的或系统的工作，只是通过耗费大量时间研读长篇巨著来写论文。因此，有段时间他一直被视为一个疯狂的空想家④。

18 世纪中期，阿尔布雷希特·冯·哈勒（Albrecht von Haller）

① 详见：艾曼纽·史威登堡（Emanuel Swedenborg），《颤动》，波士顿：新教会联盟，1899 年。

② 详见：马丁·拉姆斯特伦（Martin Ramström），《艾曼纽·史威登堡对自然科学的调查及其关于大脑功能的基础性理论》，乌普萨拉：乌普萨拉大学，1910 年。

③ 详见：艾曼纽·史威登堡，《从解剖学、物理学和哲学角度考虑的动物王国的结构问题》，伦敦：W. 纽伯瑞，1844 年，第 1 册，190—191 页。

④ 详见：康拉德·阿克特（Konrad Akert）、迈克尔·哈蒙德（Michael Hammond），《艾曼纽·史威登堡及其神经学的贡献》，载于《医学史》，1962 年，第 6 期，255—267 页；约翰·斯皮兰（John. D. Spillane），《神经学说：神经学史上的几个章节》，牛津：牛津大学出版社，1981 年，139—145 页。

尝试研究神经系统的敏感部分，他认为皮质下的结构并不是硬脑膜或大脑皮层。这位瑞士生理学家极具权威，他的研究在整个欧洲都处于顶尖水平。他的应激性理论也产生了意想不到的效果：他主要把中枢神经系统作为组织的集合来研究，而不是作为具有特殊功能的器官来研究，因而减少了学界对中枢神经系统的重视。哈勒在他的《人体生理学原理》（*Elementa physiologiae corporis humani*）第四卷中首先指出，自笛卡尔以来，学者一直习惯于随意地定位灵魂所在地，鲜有通过观察和实验得出的理论，大多数理论完全无法证明自身的合理性。而他本人则大胆假设，将人们的注意力引向神经起源处的白色物质。狄德罗和达朗贝尔在《百科全书》中以"脑"为标题的章节中［"脑"这一章由皮埃尔·塔林（Pierre Tarin）撰写，他是这一章的作者，也是哈勒的译者］报告了这一情况，并强调现有理论不过是假设。他们区分了两种物质（皮质和髓质），但没有提到它们与肠道的相近之处或器官的腺体性质。此外，第十张图是唯一一张绘有大脑皮质的解剖图，其中转录了巴托洛梅奥·尤斯塔奇于 1552 年制作、由乔瓦尼·玛丽亚·兰奇西于 1714 年出版的插图①。值得一提的是，塔林在他的字典中强调了"大脑"一词奇怪的词源，即"大脑"（cerveau）一词源于类似于蜡的白色："大

---

① "大脑"出现于《科学、艺术、文学家协会理论词典》中，由狄德罗出版、整理，数学部分由达朗贝尔先生负责，巴黎：布里亚松出版社，1751 年。详见：皮埃尔·塔林（Pierre Tarin），《早期解剖记事；论大脑、神经、灵魂的器官的功能》，巴黎：莫罗出版社，1750 年。

脑颜色近于蜡色。"[1]

18 世纪下半叶，人们普遍认为，在所有的身体系统中，大脑仍然是一个构成模糊不清的系统。大脑未知的功能和难以捉摸的疾病，也许将永远困扰自然科学家、医生和哲学家。几十年来，大脑研究领域亟需一个完备且相对确定的理论体系。皇家医学会于 1778 年在巴黎成立，其建立目的正是改革医学知识，使其与物理和化学科学的最新发现相联系。其目的还在于提高医学在旧制度下各个机构中的政治威望，从而赋予医学更鲜明的社会作用。

该协会的发起人和常务秘书是费利克斯·维克·达泽尔（Felix Vicq d'Azyr），他曾在几年前被涂尔干（Turgot）部长任命为某个委员会的负责人，负责研究在法国南部爆发的毁灭性的流行病——牛瘟。1783 年，他在阿尔福特的兽医学校获得了一个比较解剖学的席位，比较解剖学研究是他除卫生和预防医学研究以外的另一大爱好。他尤其关注大脑，并在 1786 年的一篇论文序言中，将大脑定义为一个"器官"。他指出，要想了解某个动物物种的性质，研究大脑结构最为重要。事实证明确实是这样，大脑的主要倾向似乎一直与具有普遍性的感觉、本能的力量或弱点、食欲的强烈程度、情感的强度、智力的程度有关[2]。基于这一假设，维克·达泽尔构

---

[1] 详见：皮埃尔·塔林，《解剖学词典及解剖学和生理学图书馆》，巴黎：布里亚松出版社，1753 年，22 页。

[2] 详见：费利克斯·维克·达泽尔，《解剖学和生理学论文（彩图版）：人和动物的各种器官的自然状态表现》，巴黎：弗朗索瓦·迪多印刷厂，1786 年。

思了一个宏大的设计计划，他用一系列附有适当说明的解剖图板，将人和所有动物按自然顺序排列。最关键的一点是，他想说明这种顺序是如何以大脑的不同复杂程度排列的，并且顺序随着动物学等级的降低而降低。

1794 年，玛丽·安东涅塔（Maria Antonietta）的第一位医生维克·达泽尔，刚参加完祭祀最高神的年度盛宴便死于昏厥。正如他曾经的顾虑 [像老友让·西尔万·巴伊（Jean-Sylvain Bailly）和安托万-洛朗·德·拉瓦锡（Antoine-Laurent de Lavoisier）一样被送上断头台]，他果真沦为了大革命的间接受害者。他未能完成本应完成的项目，但留下了一系列关于大脑解剖学的文件，这些文件在当时具有极高的价值。1781 年至 1783 年间，他还曾向科学院提交了部分关于大脑、小脑、脊髓和髓质结构的研究记录。1786 年，他出版了《解剖学和生理学论文（彩图版）：人和动物的各种器官的自然状态表现》，其中配有规范的插图。书中还附有一个方法册，以弥补此前方法的缺陷。此书的解读主要关系到四大方面：（1）尸体解剖法：在处理冰冷和无生命迹象的身体时，此类方法也有局限性，因为研究的对象已经失去了与世界的联系，也无法与研究人员沟通。（2）活人实验法：用这种方法时，人们必须面对与第一种解剖截然相反的棘手问题——那就是恐惧且痛苦的灵魂，他们对研究者实验造成的阻碍不亚于解剖台上静默不动的尸体。（3）正常情况下，对机体各种反应进行精确和认真的观察：这种方法的困难在于如何确定每个内脏的特性，因为各部分之间的联系复杂且密切。（4）健康和患病内脏的比较。在此作者指出，表现出疼痛的器官往往离患有疾病的部位很远。

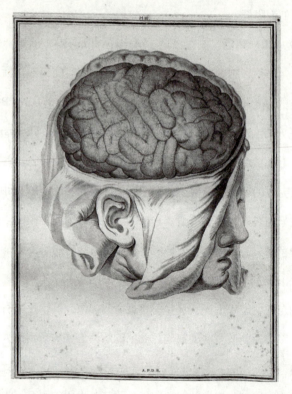

图1.22：脑回。费利克斯·维克·达泽尔，《解剖学和生理学论文》第三章。

第一章 古老与现代

因此，严谨的思维和逻辑至关重要。进行研究的医生也应该意识到过去的错误，及时避免错误，并"按部就班"地推理：这种分析方法，会在未来长期指导有关生命和人类的科学。维克·达泽尔认为解剖大脑的最佳方法，是从顶部开始，逐渐往下进行水平切割。事实上，《解剖学和生理学论文》是按照解剖的顺序来介绍相关图画的，它从脑回向中心推进。文中不乏向前人致敬的历史批判性思考，也不乏对谬误的纠正和对空白的填补。此外，书中还引入了解剖学词汇新术语，这些术语是必不可少的、高度准确的描述。除此之外，维克·达泽尔并不认为人们能够了解智力的运行机制，他认为没有医生敢研究它。虽然当时许多人都秉持着这种谨慎的态度，但也不乏怀疑精神。虽然有人过度顾虑，认为这违反了物质和道德之间的联系，但它仍然是正确的研究。

在 1781 年到 1783 年的回忆录中，维克·达泽尔详述了西尔维斯的裂沟（侧裂），但几乎没有涉及脑回，他更关注脑回的大小，而非其形状，而且他对深层结构比对外壳更感兴趣①。另一方面，《解剖学和生理学论文》中的一幅插画的标题表明，该图呈现了掀开硬脑膜后的"自然状态"（图 1.22）。达泽尔成功地详细分析了大脑皮层的某些区域，然而命运总是很幽默，1805 年，由

① 详见：费利克斯·维克·达泽尔，《对于大脑、小脑、延髓、脊髓结构的研究，以及关于人类和动物的神经起源的研究》，载于《皇家科学院文献》，巴黎：皇家印刷公司，1784 年，495—622 页。

医生兼哲学家雅克-路易·莫罗·德·拉·萨尔特（Jacques-Louis Moreau de la Sarthe）改编的作品十三卷完整版，对原版造成了不可弥补的破坏。正如保罗·布洛卡（Paul Broca）于 1876 年所言：重制者认为在原版上进行编辑没有任何问题，且只会愚蠢地绘制类似于肠道回路的图画来代替作者原本的想法 [1]。

　　18 世纪末期，人们对于大脑的整体认识发生了一些变化。此外，用彩色蜡制成的三维模型已经开始流行，它能够真实地再现整个身体及其各个部分。解剖蜡的成功研制，形成了一种解剖学的新风尚，形成了文化阶层公众眼中的一种奇观。当时，博洛尼亚和佛罗伦萨是蜡像制作的中心城市，这一技术需要对将要模仿的结构进行细致的检查。1742 年，博洛尼亚艺术家和解剖学家埃尔科·莱利（Ercole Lelli）受本笃十四世（Benedetto XIV）的委托制作解剖学雕像，绘制解剖学插图。其助手乔瓦尼·曼佐里尼（Giovanni Manzolini）与其妻安娜·莫兰迪（Anna Morandi）完善了这项技术，并以非凡的技巧通过蜡像再现了多样的器官。此外，他们还诙谐地描绘了自己解剖大脑和心脏的行为（图 1.23）。

　　在佛罗伦萨，从 1765 年开始，物理学家和自然学家费利斯·丰塔纳（Felice Fontana）凭借"人工解剖学"登上了科学圣坛，从而大大提高了其君主和赞助人彼得·利奥波德（Pietro Leopoldo）

---

① 详见：保罗·布洛卡（Paul Broca），《大脑构造图和脑回史的一些要点的说明》，载于《巴黎医学会简报》，1876 年，第 40 期，833—834 页。

大公的声望。他设计了一部完整的蜡像集，既可用于教学，又能展示当时解剖学的所有知识。在这些保存完好的文物中，有一百多件涉及中枢和周围神经系统，它们的创造标志着大脑研究实现了质的飞跃：可以制作出模型，代表着对这一器官的了解。艺术家和解剖学家在佛罗伦萨观象台（Specola Fiorentina）的陶瓷车间一起工作，在二十年的时间里，应客户要求，生产了数以千计的物品。其中，1780 年，大公的弟弟诸塞佩二世（Giuseppe II）皇帝为维也纳的新军事外科学院，制作了一套包含所有蜡像的副本。

图 1.23：安娜·莫兰迪·曼佐利尼为自己制作的蜡像，藏于博洛尼亚波吉宫博物馆。

第二章

颅相学起源

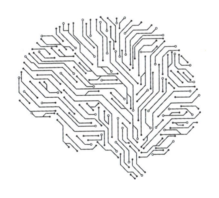

1. 一种科学意识形态的起源

这一研究始于建构脑部生理学的理想，它的目的是揭开那些人们仍然无法理解的现象的面纱（比如自然历史、人与自然的关系、思想与行为），这种研究比先前不可捉摸的研究更加贴近现实、更具准确性。生理学的创造者弗兰茨·约瑟夫·加尔（Franz Joseph Gall）提出以下几大论断：（1）道德品质和智力能力是与生俱来的；（2）它们的运作取决于大脑的形态；（3）大脑是容纳所有品质和能力的器官；（4）大脑由许多特殊器官组成，同时也具有原始的和最初的能力。经过一系列的私人课程和演示，新研究体系于1798年在一封写给约瑟夫·冯·雷策（Joseph von Retzer）男爵（负责帝国审查）的信中正式面世。该信发表于记者兼诗人克里斯托夫·马丁·维兰德（Christoph Martin Wieland）在魏玛编辑的《新南德意志报》，歌德的主要支持者们也为之供稿①。

1758 年，德国人弗兰茨·约瑟夫·加尔出生于提芬布隆恩，他的父亲是一位富有的米兰裔天主教商人（高卢）。四十岁时，德国人加尔在维也纳宫廷有幸寻得一位赞助人，他即刻迁居维也纳，并在那里学医。他技术娴熟，才华横溢，享有非凡的职业财富。1791 年，在他一部作品的扉页中，编者将其称为"世界智慧和医学博士"（der Weltweisheit und Arzneiwissenschaft Doktor），这部作品的第一册共有七百多页，但后续没再刊出其他作品②。1801年 12 月 24 日，为了捍卫唯物主义和无神论，罗马最后一位皇帝（也是第一位奥地利皇帝）弗朗西斯二世（Francesco II）下令禁止加尔举办讲座，他致冯·雷策的信也未能使其免受此劫。尽管仍然有许多权威人士支持他，但他所主张的器官学却遭到封禁，这使他在几年后决定搬离维也纳，他认为此地已不再适合发展学术。

---

① 弗兰茨·约瑟夫·加尔（Franz Joseph Gall）致约瑟夫·冯·雷策信中关于其已经完成的人类和动物的大脑功能论述的序言，载于《新德国人》杂志，1798 年，第 3 期，310—332 页。随后冯·雷策给予了简短答复，他鼓励加尔免除一切顾虑，继续研究。这位崇拜者称，这是在亚里士多德之后，培根、牛顿和康德之前，所有发现一些真理的人的共同命运（同前，第 332—335 页）。关于加尔的新科学在日耳曼地区的发展，详见：西格丽德·奥勒-克莱因（Sigrid Oehler-Klein），《弗兰茨·约瑟夫·加尔在 19 世纪文学和批评中的头骨理论：论相貌学和心理学的医学-生物学理论的接受历史》，斯图加特：乔治·费歇尔有限公司，1990 年。还有一个经典文本值得参考：乔治·兰特里·劳拉（Georges Lantéri-Laura），《弗兰茨·约瑟夫·加尔谈颅相学历史：人类及其大脑》，巴黎：法国大学出版社（PUF），1970 年。
② 详见：弗兰茨·约瑟夫·加尔，《关于自然和艺术的哲学、医学研究》，维也纳，1791 年。

1805 年 3 月，加尔与学生约翰·加斯帕尔·施普尔茨海姆
（Johann Gaspar Spurzheim）开始了漫长的旅程。在两年半的时间
里，他们先后访问了德国、丹麦、瑞典、荷兰和瑞士，在主要的文
化中心和法院驻足，经常作为杰出人物的座上宾，举办讲座、进行
演示、参观科学实验室和治疗及惩戒所①。虽然有人怀疑他是个江
湖骗子，但他在一些大学里却常受优待；柏林为他铸造了两枚奖章，
歌德本人也参加了他在哈雷和魏玛的课程，并允许他为自己的面孔
制作石膏像。奥古斯特·冯·科茨布（August von Kotzebue），加
尔的病人和朋友，一名外交冒险家，甚至有可能是沙皇派来的间谍，
也写了一部关于"大脑器官"的三幕闹剧。这部闹剧的主人公是一
个虔诚的、狂热的头骨收藏家，他是如此狂热，以至于他的所有决

---

① 对加尔研究路线（1805 年 3 月至 1807 年 10 月）的重建详见：约翰·范·维
赫（John van Wyhe），《颅相学和维多利亚时代科学自然主义起源》，奥尔德肖特—
伯灵顿：阿什盖特出版社，2004 年，209—211 页。关于其在荷兰的旅居情况，详见：
保罗·艾灵（Paul Eling）、杜威·德拉艾斯玛（Douwe Draaisma）、马斯吉斯·康
拉迪（Matthjis Conradi），《加尔造访荷兰》，载于《神经科学史期刊》，2011 年，
第 20 期，135—150 页；关于其在丹麦的旅居情况（背景及结果），详见：安雅·斯
卡尔·雅各布森（Anja Skaar Jacobsen），《颅相学和丹麦浪漫主义》，载于罗伯特·布
赖恩（Robert M. Brain）、罗伯特·科恩（Robert S. Cohen）、奥勒·克努森（Ole
Knudsen）（编著），《汉斯·克里斯蒂安·厄斯泰德和科学中的浪漫主义遗产：
思想、学科、实践》，多德雷赫特：斯普林格出版社，2007 年，55—68 页。

定都以检查他人头部为基础①。一次在柏林的演出中，尽管加尔的理论被批判得体无完肤，他还是像在场其他观众一样全情投入。颅相学（Schädellehre）一词在当时被大肆批评，差点就被粉碎了，直到很久之后才被正式使用：黑格尔于 1807 年在《精神现象学》（*Fenomenologia dello spirito*）的部分著名文章中提出了这一批评，并嘲笑了用骨骼解释精神的内在性的做法。在同年的一篇短文中，谢林指出，加尔对大脑解剖学的理解比对大脑中固有的能力的理解更具有权威性②。

① 详见：奥古斯特·冯·科茨布，《大脑器官：一部三幕喜剧》，莱比锡，保罗·戈特赫夫·库默（Paul Gotthelf Kummer）编著，1806 年。1805 年，出生于德国的俄罗斯外交官威廉·冯·弗雷冈（Wilhelm von Freygang）也讽刺了这种理论：《听觉器官或加尔医生的旅行：一部喜剧》，哥廷根，1805 年。路德宗神学家克里斯蒂安·威廉·奥姆勒（Christian Wilhelm Oemler）随后又模仿并进行了创作（匿名且逝世后发表）：《加尔医生和浮士德医生或地球上的大革命：一个来自古代的传说，印于普世君主制第 150 年》，载于 2000 年的基督教日历年中，约 1805 年。

② 详见：弗里德里希·威廉·约瑟夫·谢林（Friedrich Wilhelm Joseph Schelling），《关于颅骨科学的几点看法》，载于《知识分子晨报》，1807 年，第 74 期，293—294 页；乌戈·德奥拉齐奥（Ugo D'Orazio），《弗里德里希·威廉·约瑟夫·谢林和浪漫主义医学：关于谢林维尔茨堡时期的研究》，美因河畔法兰克福：彼得-朗出版社，1995 年，376—387 页。

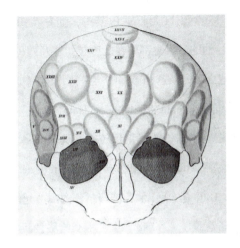

图 2.1：颅内二十七个区域的正面图。弗兰茨·约瑟夫·加尔，《神经系统的解剖学和生理学：图集》，巴黎，1810 年，第 100 页。

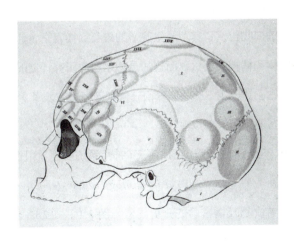

图 2.2：颅内二十七个区域的侧面图。弗兰茨·约瑟夫·加尔，《神经系统的解剖学和生理学：图集》，巴黎，1810 年，第 99 页。

当加尔于 1807 年 11 月抵达巴黎时，他并不知道，除偶尔去伦敦暂居以外，他的下半生都将在此度过。许多同行都对他表示欢迎，并帮助他建立了一条资源丰富的客户链，就连拿破仑的医生让-尼古拉斯·科维沙（Jean-Nicolas Corvisart）也在其中[1]。加尔关注的焦点是对器官学理论的完善和传播。从 1808 年 2 月起，他先后在雅典娜学院（Athénée）和医学会（Société de Médecine）实现了这一目标。1808 年 3 月，他和施普尔茨海姆一起做了大胆尝试：他们的一份《备忘录》（Mémoire）被提交给法兰西学院进行评估。拿破仑的敌意制约了委员们的判断，在报告 [由库维尔（Cuvier）、皮内尔（Pinel）、波特（Portal）、萨巴蒂埃（Sabatier）和特农（Tenon）签署] 中，他们虽然承认加尔的神经系统解剖学的新颖性和重要性，却以严厉的口吻否定了其发展生理学的雄心。换言之，他们不赞成连接有机体和精神的尝试，而这却是加尔整个研究计划的出发点。在委员给出回复的第二天，加尔和施普尔茨海姆发表了《回忆录》，并在其中写明了辩解观点。

1810 年至 1819 年间，四册巨著《神经系统解剖学和生理学（附带一百张图）》（Anatomie et physiologie du système nerveux）出版，书中首次提及器官学的分析要素（图 2.1 和 2.2）。但是作品只有前两册是合作完成的，因为在 1813 年，由于各种原因（好胜

---

① 详见：弗朗索瓦-阿苏维（François Azouvi），《1800—1830 年间法国的心理学和生理学》，载于《生命科学的历史和哲学》，1984 年，第 6 期，151—170 页。

心、竞争、利益），两人分道扬镳，他们从此各自做自己的研究，学生后来还不时受到前导师的嘲笑 [1]。1822 年，该著作以新的形式和书名——《关于大脑及其各个部分的功能》（6 册）（*Sur les fonctions du cerveau et sur celles de chacune de ses parties*）重新出版，加尔成为独立作者。然而，后来是一位年轻的天文学家和自然学家、剑桥大学的医学学生，于 1815 年将这门新的"科学"命名为颅相学的。托马斯·福斯特（Thomas Forster）在伦敦偶遇施普尔茨海姆，并立即被这个"奇妙而完美的人类学体系"所吸引。这一体系能够增进对精神疾病的认识、完善治疗方法与教育体系，还能区分那些自身具有犯罪倾向的人与那些受环境影响而犯罪的人。与加尔不同的是，施普尔茨海姆在 1818 年的一部法国作品的标题中自愿采用了这一新术语。

18 世纪时，产生了一个与前文所述完全不相干的研究体系，这是后来变成一种科学的人类学的前身。1808 年，加尔在巴黎讲座中说，唯有当来自三个不同领域（生理、心理、哲学与道德）的杰出者展开合作，将原因和结果重新以同一单一规律统一时，才能构建"真正的人类科学"。除了对现象的精确观察外，不再需要采

---

[1] 详见：哈利·惠特克（Harry Whitaker），戈妮娅·贾雷玛（Gonia Jarema），《加尔和施普尔茨海姆之间的分歧》，载于《神经科学史期刊》，2017 年，第 26 期，216—223 页；约翰·范·维赫（John van Wyhe），《颅相学和维多利亚时代科学自然主义起源》，奥尔德肖特-伯灵顿：阿什盖特出版社，2004 年，27—29 页。

用任何其他手段①。而对于人类的研究，在其中占有重要地位：脸部和头骨作为身体的"高级"部分、心理和行为的物质通道，是人们研究的主要对象。

约翰·卡斯帕·拉瓦特（Johann Caspar Lavater）是苏黎世的一位牧师，同时也是神秘主义和神秘教派的狂热追随者。从 1775 年开始，他就一直在尝试复兴古老的相学传统，并发展了一种关于外部和内部、可见和不可见之间关系的理论。从其著作《观相术文选》（*Physiognomische Fragmente*）可以看出，他知道寻找物理背后隐藏的意义（或灵魂）的神奇方法。在《造物主》（*Dio creatore*）中，他强调了自己对面孔研究的基本假设：如果到处都有法律和秩序，如果神圣的智慧排除了偶然性，那么就不可能有无意义的造物，因此，人类相貌的多样性也必须服从于某种规则。拉瓦特是动物磁学提出者——弗朗茨·安东·梅斯梅尔（Franz Anton Mesmer）的追随者和朋友，他还与卡里奥斯特罗·亚历山德罗（Cagliostro Alessandro）伯爵有着密切联系。虽然他没有接受过科学训练，但他接受了 18 世纪最后二十五年里活跃在生命科学领域的许多命题与观点。根据蒙彼利埃医学院的教学，他把活人看作一个综合、和谐的个体。加尔也不例外，尽管他批评了相貌学的"前科学"假设，但在第二个决定性问题上，他也认同拉瓦特的观点——

① 详见：《加尔博士在其关于大脑生理学的公开讲座的第一次会议上宣读的开幕词》，巴黎，1808 年，6 页。

他认为一切取决于教育和环境的观点有严重错误。论战的中心是埃蒂耶那·博诺·德·孔狄亚克（Etienne Bonnot de Condillac）、克洛德·阿德里安·爱尔维修（Claude Adrien Helvétius）等哲学家，在改革的推动下，他们否认身体和道德的特征具有遗传性。"认识你自己"和"成为你自己"是茨温利派牧师加尔分享的座右铭，他确信自然界给每个人规定的界限不可逾越。

图 2.3：剪影。约翰·卡斯帕·拉瓦特（Johann Caspar Lavater），《相学片断：促进人类知识和人类之爱》（*Physiognomische Fragmente, zur Beförderung der Menschenkenntniß und Menschenliebe*），莱比锡，1776 年。

　　拉瓦特仔细观察脸部，比较动物和人类的形状；他列举了人的特质，区分额头、眉毛、下巴的特征；他制作并使用了剪影（图2.3）。尽管他有时使用几何程序，但并不是他本人进行测量。其他人在同一时期通过对头骨进行角度测量来做到这一点，比如乔治·布丰（Georges-Louis de Buffon）和皇家花园的一位合作者路易-让-玛丽·道本顿（Louis-Jean-Marie Daubenton）于1764年确定了枕角，并将其作为衡量头骨与脊柱关系的一个标准，也作为区分两足动物和四足动物的一个解剖学标准。在生物物种的尺度上，越是接近人类，这个角度的梯度就越小（图2.4）。1768年，荷兰人彼得·坎普尔（Peter Camper）写了一篇论文，并继续进行测量实践，后来他又进行了多次修改，直至逝世后才首度公开发表这篇文章。作为阿姆斯特丹雅典娜学院的解剖学和外科教授，他一直对人类种族之间身体结构的差异以及它们的表现图形程序颇感兴趣。他发现，在头骨上设定一个标准尺度很有用，面部是由鼻根和耳孔、门牙顶和额骨分别连接的直线形成的多面体。坎普尔看到这些点跟下巴的连线，与水平面的夹角在零度和一百度之间变化，他认为所有可能的动物形式都沿着一个逐渐变得精致的尺度排列，而最完美的角度存在于新古典主义风格的希腊雕像之中。从长尾猴（45°面部角度）开始，研究者认为，从猩猩、黑人、卡尔木克人（指分布在东欧和西伯利亚的一种蒙古族人）到欧洲人，有比例、对称性和美感逐渐变完美的趋势。解剖学家在整个欧洲享有的声誉，以及他们在无数次旅行过程中编织的密集关系网,为人类面部理论的接受提供了便利(图 2.5a 和 2.5b)。其中尤为重要的是坎普尔在 1780 年左右旅居哥廷根,与约翰·弗里德里希·布卢门巴赫(Johann Friedrich Blumenbach)就一篇论文《论原生人类品种》(*De generis humani varietate nativa*)展开的探讨,其中包含对一组头骨的观察结果。对它们的水平角度进行分析后,年轻的德国博物学家区分出了五个基本类型:高加索人、蒙古人、埃塞俄比亚人、美洲人和马来人。这不是一个几何学的问题,而是形态学的问题,其目的始终是在头骨上找到理论依据[1]。

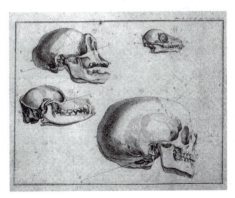

图 2.4:人和动物的枕骨差异。

---

[1] 详见:路易-让-玛丽·道本顿(Louis-Jean-Marie Daubenton),《关于人类和动物的枕骨孔位置差异的论文》,载于《皇家科学院历史》,1764 年,568—575 页;彼得·坎普尔(Peter Camper),《论不同气候和年龄段的人相貌特征的自然变化以及对美(特别是头部)的思考;一种准确绘出各种头部的新方法》,巴黎:詹森-范克里夫夫出版社,1791 年;约翰·弗里德里希·布卢门巴赫,《论人类的自然变异》,哥廷根:范登霍克和鲁普雷希特,1795 年(第三版)。

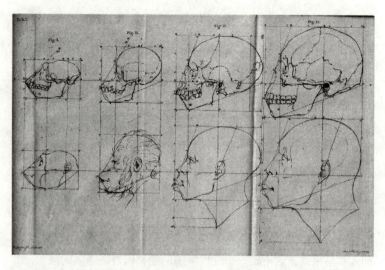

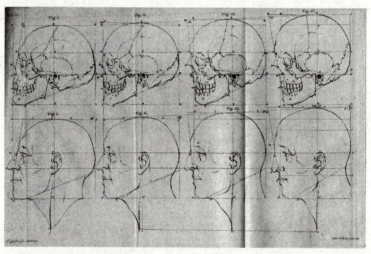

图 2.5a 和 2.5b：面部五官与水平面夹角。彼得·坎普尔，《关于人的相貌特征的自然变化的论文》，巴黎，1791 年。

在头骨和面相学成为解剖学家和人类学家的观察重点的同时，对大脑的研究仍未中止，当时认为：大脑是一个松弛的、没有形状的肿块，其质地与肠子相似。与相对容易地能够被分离和被描述的神经系统不同，技术最精湛的手术刀在头盖下面复杂物质上的实验，持续了两个多世纪，却从未解开其组成的谜团。加尔曾抱怨说，在头盖下面，人们看到了阿蒙或公羊的角、长满老茧的身体、马镫、马刺、鹅毛，甚至是阴部、睾丸、外阴等等。当时的命名法充满幻想且非常不严谨，大脑的重要性后来才渐渐被人发现。正是由于加尔的努力，大脑作为重要器官的地位才渐渐被人承认，渐渐获得被研究和被解读的价值。布拉格的解剖生理学家乔治·普罗查斯卡（Georg Prochaska）早在 1784 年就已经提出，大自然从来不会做徒劳无功的事情，它会给大脑和小脑（两者结构上属于复合形态）分配不同的用途，因此，它们会通过各种"功能"来表现自己。"然而，"他补充道，"迄今为止，哲学家和医生为确定有机体和精神之间的联系所做的尝试仍然只是一种猜想。"

在普罗查斯卡之前，日内瓦人查尔斯·博内（Charles Bonnet）于 1769 年就已经提出过类似的观点，即大脑是不同部分的组合物，每个部分都由纤维、神经和血管交织而成。这一器官的众多组成部分恰如巧夺天工的艺术，令人钦佩，这与精神运作中固有的思想多重性和多样性特点相对应。加尔非常欣赏博内的比喻，并在给研究所专员答复时有意引用了这一比喻，以支持其功能优先于结构的理论。智力让人能够对大脑机制有透彻的了解，也能够看到大脑中的一切细节，就像读一本书一样。大脑中数量惊人的各个器官，能让人感觉和思考，也能够形成语言文字：翻阅和研究书籍的时候，我们的智力其实是在研究其他大脑里的思想。然而，博内的理论仍然过于依赖感觉和机械论，无法满足加尔的要求。博内虽然发现了"崇高而公正的思想"，但只适用于一般情况，一旦深入细节，他的思想就会显得很不成熟①。

上述关于书的比喻，比器官学的全面发展早了几十年，因为仍需要其他事件，才能激活这一学科的潜力。埃纳·莱斯基（Erna Lesky）指出，加尔理想世界理论形成的关键之一是约翰·戈特弗里德·赫尔德（Johann Gottfried Herder）的动态和生命力概念②。1784 年至 1791 年间，在《人类历史哲学观念纲要》（*Ideen zur Philosophie der Geschichte der Menschheit*）中，赫尔德指出了器官学研究与感觉主义完全不同的性质。换言之，这是一个综合且有活力的理论体系，在这个体系中，有各种因果关系，研究各类表象

① 详见：查尔斯·博内（Charles Bonnet），《帕林休根学说哲学与关于生物过去和未来状态的思考》，日内瓦：菲利伯特和奇罗尔，1769 年，27—334 页。关于弗兰茨·约瑟夫·加尔和约翰·加斯帕尔·施普尔茨海姆对博内的评述，详见：《对一般的神经系统，特别是大脑的研究》，248—249 页。关于博内观点的讨论，详见：弗兰茨·约瑟夫·加尔，《关于大脑及其各部分的功能（第五卷）：器官学或本能的阐述》，巴黎：贝利耶尔出版社，1825 年，488—514 页。
② 详见：埃纳·莱斯基（Erna Lesky），《加尔与赫德》，载于《克里奥医学》，1967 年，第 2 期，85—96 页。

世界。其研究对象范围广泛，从水晶到植物，从有知觉的有机体到人的精神。辗转于斯特拉斯堡和维也纳两地的学生，也就是年轻的加尔，接受了他人建议，转而研究比较解剖学。他逐步发展自己的理论，以分化和细化的方式阐明心理功能。赫尔德确信，每一种自然力量都与一个特定的器官相对应，如果没有器官的调解，就不会有明显的精神力量。基于这种理论，加尔着手研究人的智力和道德表现，并推断出精神的物质场所一定存在。然而，力量与力量的提供者（器官）并不是一一对应的，这也造成了该理论的危机。正是因为加尔引用了赫尔德这一观点，帝国于 1801 年颁布了禁止他讲课的严令（Handbillet），以维护自己的权威与统治。因此，从事自然主义研究的人，不敢冒险宣称自己是唯物主义者或无神论者。但是，他们注意到了各个有机体的生命奇迹，研究构成它们的精妙组织，探索世界的因果。同时期，思想家乔治·卡巴尼斯（Pierre Jean Georges Cabanis）提出了一个更大胆的概念。据他所言，就像胃和肠子的消化作用，就像肝脏分泌胆汁，腮腺、上颌和舌下腺分泌唾液一样，大脑也通过这种方法来分泌思想 [1]。

① 详见：乔治·卡巴尼斯（Pierre Jean Georges Cabanis），《人的肉体方面与道德方面之间的关系》，巴黎：克雷佩特，1805 年，第 1 册，153 页。

2. 关于人的新科学

是否有能够综述自然界物质存在的"原型"？在对这一点的研究上，加尔同意歌德的观点。歌德曾在 1790 年提出"原型植物"的假说（Urpflanze）时使用了这种概念。而这种以植物结构为原型的观点，赫尔德在更早的时候便提出过，并且他在自己的器官学著作中，主张将大脑描绘成椎体神经轴的一种延伸。这一论断引起了部分解剖学家的争议，这种诗性解说似乎难以让人理解。加尔更倾向于让历史与时间，解决"机械论—生机论"的困境。他的阐释如下：古代的自然学家讲授了生命是如何从组织中诞生的，以及所有自然现象是如何通过原子的结合而产生的；这之后，人们意识到，尸体中不久前还非常活跃的化合物，很快就会变为死气沉沉的骨头和肉体；随后人们有了一种构想，即在与注定要消解的身体分离之前，体内存在着一个具有生命力和运动能力的灵魂，这是一个对大多人而言都很容易接受的假设。几个世纪以来，这一命题不断调整变化，从中产生了许多关于生命的定义，直到对于现象的精准研究的出现。比如哈勒的应激性理论，他认为应激反应是动物纤维一类物质的特性，它们都符合造物者的创造规律。假设更高层次的规律（有机物的特性）并不否定先前层次的属性（物理和化学），更高层次规律确实会使后者有所改变，增加后者的内容。除了对身体规律的了解之外，除了对存在现象的阐释之外，加尔更加关注力量和质量的多元主义，而在这种关系互动中，上层的级别包含下级。

　　加尔的作品充满了反哲学气息，这是不容忽视的。加尔写道：他在德国常常听人大谈康德，但他认为康德本人并不具有超越性的精神，因而他表示无法理解关于康德的任何事情。康德、费希特和谢林的著述使他感到厌烦，因为他们的风格拘泥于形式且艰涩难懂，而且只会以高高在上的角度来看待现实。德国的理想主义（显然）过于深刻：无论多高的智慧，也无法在狭小房间内发掘那些只有在广阔大自然中才存在的珍宝。另外，在1798年致冯·雷策的信中，加尔希望推行一种新风，让每个"天才"建立自己的思想体系并寻找思想继承者。基于这种经验积累，不超过十年，便可建成一座辉煌的大厦。对于康德、维兰德（Wieland）等天才而言，死亡便意味着他们思想的消亡。遗憾的是，没人会保存成千上万个伟大、杰出者的头骨，并让它们流传下来，尽管这对缪斯神庙来说，会是绝

妙的饰品 ①！康德在去世前几年才接触到颅骨（Schädellehre），研究后，他获得了一个头部颅相学模型，可惜当时他的心理、生理状态都不佳。他的部分简短注释表现出了对该学说的些许兴趣，而他的这种兴趣在最近几年才逐渐出现在大众视野中。此外，加尔的学说还引发了日耳曼地区对头骨，尤其是名人头骨的某种研究热潮。这对盗墓者而言，简直是赚钱的天赐良机。与此同时，这也加深了死后可能会被斩首的人的恐惧心理。在这种背景下，当康德于1804 年去世时，他的头被剃掉，用作石膏模型，作为非凡的头脑受到解剖分析 ②。

加尔是一位谦谦君子，在面对庞大、不可知事物时，他是最为谦虚谨慎的；但他却宣称，在神经系统方面，他的学识高于所有人。在这一领域中，他的研究非常深入，但他也总会夸夸其谈：他是首个克服迷信和虚妄哲学设置障碍的人，首个将人的基本素质与有机基质（躯体）结合起来的人，而且他一直在研究含糊且矛盾的理论中的漏洞，使其变得清晰明了、逻辑合理。他对深陷幻想的哲学家表示反感，但反感之余，他还运用了一种"以物易物"的方法：他让哲学家研究表象的问题，而自己则争取到了处理基础性问题的权利。生理学家对哲学家虎视眈眈，试图将其理论束之高阁，并取而

---

① 详见：《弗兰茨·约瑟夫·加尔先生关于其已经完成的病症研究的信》，326 页。
② 详见：马可·杜钦（Marco Duichin），《记事员、哲学家、"脑部追寻者"：加尔、康德与颅相学的起源》，载于《物理学》，2011—2012 年，第 48 期，103—126 页。

代之。医生在道德、教育和刑罚领域的研究能力自然毋庸置疑。并且，加尔认为，人的本性会在其陷入痛苦状态或生死一线时显露无遗。对理想中圣人的讴歌，主持身体、精神仪式的祭司，只是 19 世纪将延续下去的长篇故事中的一篇。此外，病理学所揭示的不仅仅是健康状况，更是知识的真正来源，它将主持整个 19 世纪的医学神话。

可以说，在通往人类新科学的道路上，加尔一直是特立独行的，并且用尽全力进行研究。不同于他对学生曾经的许诺，研究之路并非坦途。研究者不像飞马，更像是乌龟，像是在帕纳索斯山上艰难爬行的乌龟，这是加尔做的另一个比喻：研究不能依赖哲学家的虚假先验知识，而需要缓慢、坚韧的经验，要让每一种证据变成切实的"事实"。加尔于 1798 年向冯·雷策阐明了自己的观点：他没有模仿康德的语言，他是在自然本身的引导下开始研究的。

他支持的论证风格是依赖经验的、事实的、自然的，这种风格将在几十年后发展成为一种新的（并有无数分支的）哲学，成为整个时代的缩影。而加尔的风格类似于一种仍在蹒跚学步的实证主义。或者，正如它的定义，是实证主义和浪漫主义的结合①。

哲学家们选择与唯一公认的权威——"自然"保持距离。哲学家认为人人生而平等，彼此之间的差异只由教育或环境因素造成。

---

① 详见：杰森·霍尔（Jason Y. Hall），《加尔的颅相学：一种浪漫主义心理学》，载于《浪漫主义研究》，1977 年，第 16 期，305—317 页。

加尔倡导的先天论，其实与启蒙时代的平等主义信仰和教育学野心有很大冲突。加尔认为，对"阿韦龙野孩"的研究，以及改革者的仁慈之心所顾及的人都不过是傻瓜，先天缺少智慧的人注定要在树林中生存。他认为没有比"白板说"（指人出生时没有思想和观点的头脑）和孔迪拉克（Condillac）的雕像更不切实际的理论了。稍微了解一下动物世界，便能意识到，每个物种、每个人的偏好都是早已预设好的，并通过遗传来实现。加尔想通过无数的例子、证明和反证，说明先天的东西比后天的东西更重要。这种理论区别于器官学，也是转折的标志，它为每个生命体在出生时得到的自然禀赋保留了极大的空间和分量。面对那些担心这种变化会破坏自由和责任的人，他指出在教育和环境的制约下，个人的行为在任何情况下都处于被动地位。抽象的、无限的自由是虚幻的，无限自由会让人在没有必要动机的情况下行动，但正如动因与物质手段不同一样，行动也不应与行动的能力相提并论。即使一个人的大脑和头骨显示出"盗窃"的倾向，也并不意味着他应该被当成盗贼一样暴打。在权力和行为中，理性、文化和道德的阻力在发挥着作用，具有诱惑力的行为，会被更强烈的动机所抵制。淫乱似乎有无法抗拒的吸引力，但正直、良好的道德、夫妻之爱往往能成功地抑制它。在对立的动机相互争夺的土地上，加尔基于美德与恶习进行论述，在他看来，赢得美德的斗争越是痛苦，美德的行为就越是值得赞扬。

如果不能违反大脑的行动界限（即上帝为每个人亲自规划的

活动界限），那么，只有两种举动有必要：一方面，需要清楚自己由何物构成，并服从于自然界的安排；另一方面，需要有对劣性本能的牵制手段与对策。加尔的冲突道德观的目的并不是宣扬某种价值观，他希望通过调配动机和愿望来指导行为，即激发内心深处对正确行为的不可抗拒的冲动。只有能力和态度的相关理论，才能促进其构建有效的伦理学，而关于大脑的知识，也为个人和社会行动服务。

1813 年，因为加尔师徒二人对人类的善良程度和完美性产生意见分歧，加尔与施普尔茨海姆决裂。加尔竭力反对爱尔维修的主张，他也一样反对卢梭、拉马克（Jean-Baptiste Lamarck）的论述。他认为，任何外部现象或者环境压力都不可能是艺术和科学的起源，而那些认为器官是需求和训练产物的人非常反对这一观点。与之相反，加尔认为人类的整个社会和文化发展，早已在创造时就被上帝刻在大脑装置中：上帝才是艺术家，而人只是一个工具。因此，大脑的种种界限可能从一开始便已被确定。加尔用大量篇幅说明"太阳底下无新事"（nihil sub sole novi）：人的肉体不会改变，同样的恶习和美德从古典时期、从古代、从蛮族，从未开化的国家就已经出现。没有什么罪行是《圣经》不曾涉及的；蒙田、伏尔泰观察的人与荷马、苏格拉底眼中的人别无二致，就像水晶的形状或动植物的种类，自"法定日"后就不会再发生任何改变。人类被授予特定的工作，和蜜蜂遵循蜂巢法则，夜莺被赐予天籁歌喉，河狸负责修建水坝是一样的道理。加尔认为，一切早已确定：既不能无限地进行修改，也不能从理想的自然状态中退化。整个自然系统早已发展到一定程度，它自古以来就处于完美状态。

这种人类学体现了对本能的服从，但这一切是以激烈的内心冲突为代价的——加尔的理论显示出了怀疑和阴郁的色彩。在1798年的公开信中，加尔又宣称自己把人提升到了造物之王的地位，这一说法使人感到困惑。在逐一回顾与大脑各区域有关的基本特质时，他用了很长一段文字来描述野性本能，这种本能在食肉动物和人身上都存在。而为了重申这种观点并予以辩解，他收集了各种各样的凶残事件和案例。他还补充道：我们的地球是一个被血洗的地球，要花上几年时间才能一一罗列遭受蹂躏的恐怖场景，并且不应当以仁慈的方式，为暴力和死亡的场景拉上仁慈的面纱。听道（听觉通道）上方的大脑区域是被这种本能占据的，而它也是所有野蛮、虐待和屠杀行为的基体。这是一种原始且具有遗传特质的天性，它既体现在对他人痛苦的冷漠态度上，也体现在无法控制的屠杀欲望上。加尔对人类在数千年的历史进程中不断重演的错误表示愤慨，但这并不妨碍他在野性的本能中研究出自己的理论体系。对他而言，正如托马斯·罗伯特·马尔萨斯牧师（Thomas Robert Malthus）所言，如果人类长期处于和平时期，人类就有可能侵占整个地球表面，破坏每一个物种间的平衡。因此，他崇尚"最高的智慧"：永久的战争是最佳的权宜之计，而那些奢望永久和平的人（比如1795年的康德），他们的主张其实有盲目性。

解剖学和大脑生理学，其实一直处于对不变性的无奈抵抗和变革冲动之间：需要教育危险人群，又要将人们从迷信中解放出来，治疗而非压制疯子和犯罪者。奥塞·滕金（Owsei Temkin）对这种纠结的特殊心态下了一个定义——"愤世嫉俗的仁慈"[①]。这种矛盾限于表面而未深入实质，与他的许多追随者不同，加尔从不幻想着重新创造一个世界，他的言论仅仅鞭答因无视自然法则而产生的非理性。加尔完全是受到生物惊人多样性的启发而迈出了第一步，而他面对的挑战则是如何科学地解释多变宇宙的潜在规律。他宣称，大脑——"奇妙的装置集合"，不再是感官科学家所坚称的简单的感觉收集器，而是所有秩序的凝结，其中包含动物等级的秘密结构。

在将这一设想公之于众之前，作为一名解剖学家，加尔对大脑进行了多年研究。后来，他终于高兴地对施普尔茨海姆说道，他画出了很有意义的大脑轮廓。加尔之所以创新大脑解剖程序，是为了补救几个世纪以来这个精致而神圣的器官所遭受的暴行。不同于任意的随机切割，加尔等解剖学家由下至上进行解剖，而这也是自然界本身遵循的路径，也就是从周围神经系统到脊髓并延伸到小脑和大脑。这样，大脑各部分的安排和组成似乎有了意义。1842 年，皮埃尔·弗罗伦斯（Pierre Flourens），多器官和"不良哲学"的

---

① 详见：奥塞·滕金，《加尔与颅相学运动》，载于《医学史公报》，1947 年，第 21 期，275—321 页。

坚决反对者，承认加尔是一个伟大的解剖学家[1]。

对加尔而言，这从来不是在活人身上做实验的问题。在他看来，解剖学知识和外科技术过于落后，无法对相互关联的精细部位进行安全操作。伤害或刺激一个人，会影响其他所有人，甚至会改变最终的结果。而他也认为，与人类相比，动物实验能提供的信息量微乎其微。来自都灵的路易吉·罗兰多（Luigi Rolando）并不认同加尔的犹豫和担忧，他在同年研究了"最重要的内脏"的功能，提议让这个"无言的中心"说话，以此揭开直到那时还覆盖着大脑的"不可穿透的面纱"（他自己创造的另一个比喻）。1804 年，30 岁的罗兰多被召到萨萨里，即拿破仑入侵后萨沃依宫廷的避难所，讲授实用医学。在前往撒丁岛的途中，一场黄热病大大延长了他在佛罗伦萨的停留时间。在那里，保罗·马斯卡尼（Paolo Mascagni），一位伟大的解剖学插图创作者，鼓励他练习绘画，而这在当时也是自然学家不可缺少的技术，是一种能够提高观察和描述能力的人工记忆法。从那时起，罗兰多用了很多精确的图版来阐释其成果（图 2.6）。

当半个大陆处于动荡之中时，在岛上，在离群索居的孤独中（"彼时，岛屿的所有商业活动已与大陆分离"[2]），罗兰多构思

---

[1] 详见：皮埃尔·弗罗伦斯（Pierre Flourens），《颅相学的回顾》，巴黎：保林，1842 年，102 页、113—115 页。

[2] 详见：卡洛·德玛利亚（Carlo Demaria），《路易吉·罗兰多的历史悼词》，载于《都灵医学和外科协会文献》，都灵：穆萨诺印刷公司，1844 年，第 1 册，281 页。

了一个工作量巨大的研究计划：研究所有有机物质、器官及其体系的起源、形成和结构，以及会影响它们的各种有害因素。撒丁岛的隔离（一直持续到 1815 年）有利于他进行广泛的调查和实验，这一切还要归功于岛上丰富的动物群。他于 1809 年在萨萨里出版的杰作中对此做了初步说明。后来，一百多页的内容在 1828 年第二版中扩展为七百多页。他用重点阐释和一个附录介绍了加尔的"孤立颅骨理论"，尽管这一理论曾让大多数欧洲学者惊叹不已，但在他看来，这个理论"不切实际，纯属想象，至少是巧合多于真实"。他还从法兰西学院专员的最新报告中引用了很长一段话来证明其毫无根据，并详细补充了一些他本人的批评意见[1]。

正如罗兰多在 1809 年所言，我们仍然面临着一个"迷宫"。尽管解剖学家在 18 世纪已经展开过耐心且出色的工作，但是人们对大脑各部分的功能及变化仍然没有进一步的发现。在《关于人类和动物大脑的真正结构以及神经系统功能的论文》中，迷宫的形象出现了三次，而避免迷路的真正线索只有通过观察和实验的结合才能找到。罗兰多认为，彼时所使用的解剖方法并未促进人们对脑部的了解。因此，他主张采用一种与器官学支持者相同的原始解剖学风格。此外，通过有条不紊地进行活体解剖和使用诱导电化电流的

---

① 详见：路易吉·罗兰多（Luigi Rolando），《关于人类和动物大脑的真正结构以及神经系统功能的论文：附有作者绘制和雕刻的铜像》，萨萨里：S.S.R.M. Privilegiata 印刷公司，1809 年，4—5 及 81—91 页。

方法，罗兰多试图确定某些具有普遍性的功能，试图找到完全不同于加尔和施普尔茨海姆的发现的功能。在他看来，小脑是一个结构类似于伏特计的器官，在运动中起作用；在延髓（即"生命的节点"）中，他找到了常见的感觉中枢，而在大脑半球中，他发现了一系列现象（如睡眠、嗜睡、麻痹、低能和疯狂）的产生原因。为避免任何对唯物主义（当时可怖的幽灵）的怀疑或指责，罗兰多并没有对灵魂和作为其运作肢体的有机部分之间的关系做出任何猜想。

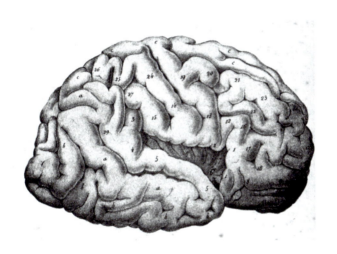

图 2.6：右半球的外表面，图中"肠状突起"显而易见。

《关于人类和动物大脑的真正结构以及神经系统功能的论文》印于萨萨里的一家普通印刷厂，此书并未受到热捧。1823 年，罗兰多给乔治·居维叶（Georges Cuvier）写了一封信，告知对方他抄写了一份书籍的副本，并声称该副本应当优先交予那些在没有注明引用来源的情况下使用他小脑研究成果的人（比如皮埃尔·弗罗伦斯）。居维叶在回信中写道，他翻遍了整个图书馆都没有找到这本书，并为没有读过这本书而致歉①。尽管罗兰多的成果过了很长时间后才在欧洲得到认可，但凭借在撒丁岛的贡献，他获得了国王的青睐。宫廷复位后，罗兰多被任命为宫廷医生，并在都灵大学和美术学院教授解剖学。作为科学院的成员，他向科学院提交了他的研究成果。

罗兰多深信，尽管他做出了种种努力，但神经系统的结构和功能仍然被笼罩在"厚重的黑暗"之中。于是，他在都灵继续研究他先前提及的主题，即研究 1809 年《关于人类和动物大脑的真正结构以及神经系统功能的论文》的主题。他的研究表明，延髓在胚胎学上最先出现，是脊髓向下和脑部向上发展的源头。另一个与其相关的区域是大脑皮层，它代表了大脑半球更广泛（也是视觉区域）的一部分。脑回在传统上一直被解剖学家无视且尚未厘清，罗兰多观察到了它们形态上的规律性，并在它与潜在部分之间建立了某些关系，他还将它们绘制出来，并起了一个名字。后来，解剖学家和精神病学家弗朗索瓦·勒雷特（François Leuret）将额叶和顶叶的分隔线称为"罗兰多沟"。

在罗兰多看来，欧洲器官学有过度宣传之嫌。他高度认可加尔

---

① 详见：卡洛·德玛利亚（Carlo Demaria），《路易吉·罗兰多的历史悼词》，303—304 页。

和施普尔茨海姆的解剖学贡献，但他认为仍需研究具有特定功能的独特器官。比如，只需阅读两人对各个脑区的描述，便可验证其论点的正确性：二人曾于 1813 年为一本字典文章编撰了三十多页文本，其中专家的评述里便隐藏着对相关研究的指导。即便没有视觉支持，也很容易想象纤维是从灰质中生长、扩展的；纤维束上升、分裂、交织在一起，形成小脑和大脑半球的团块；它们慢慢穿过神经节、神经层、支撑器官和关节，最终到达脑回处。脑回拥有最大发展潜力，其表面最具复杂性，灵魂的多个器官分布在上面。这是解剖学和生理学之间的联结点，在这一点上，人们期望看到在形态学基础上定位的区域，虽然这一期望并未得到满足。至于为何复合大脑应该被视为道德情感和智力能力的唯一所在地，作者提供了与上述描述无关的论据，可以说完全在他的理论框架之外，属于经验或常识[1]。

---

① 详见：弗兰茨·约瑟夫·加尔、约翰·加斯帕尔·施普尔茨海姆，《大脑》，载于《医学科学词典：由内科医生和外科医生协会编写》，巴黎，1813 年，447—479 页。

3. 定位标志

　　尽管人们对使动物和人类行动的大脑皮层的组成做了诸多描述，但不论他们的理论多么精致，多么具有创新性，都不属于真正的大脑解剖。在罗兰多对加尔和施普尔茨海姆的生理学理论提出异议前不久，其他更著名、更具影响力的学者也发表了类似声明。此外，如前所述，法兰西学院所负责评估《关于加尔和施普尔茨海姆先生有关大脑解剖的文献报告》的专员还重申：可分割的物质和不可分割的自我之间的相互影响过程相当神秘，人的思想难以捉摸（物质和自我之间的距离不可逾越）。根据以居维叶为首的评委团的意见，大脑工作的因和果并不是完全相同的。他们的推理如下：心脏使血液循环，以一种运动产生其他运动，而结构和大脑功能之间的联系就不那么容易理解。两位合作者（加尔和施普尔茨海姆）的回答坚定且充满激情，他们再次强调了自己解剖学发现的原创性和新颖性。他们认为，重申器官学的重要性，与寻找"不可触及"的"本质"无关。这里需要对现象的原因和产生环境做出区分，现象产生的环境对知识的吸收有影响。尽管加尔和施普尔茨海姆非常小心谨慎，他们还是大胆地指出了研究所专员们二元论中的矛盾之处：他们不把大脑视为精神的物质工具，同时又不去寻找有机物和精神之间的联系[①]。

在这场争论中，不仅仅存在学术界对两位外来医生在国籍和地位上的敌意，更是因为传统上对物质和精神之间划分的神圣界限受到侵犯，然而学界却无法提供充分确凿的证据来反驳，因而人们产生了一种恼怒情绪。法国皇帝也曾刻意引导过专员的判决。1825 年，加尔提供了部分文件，表明了他对所谓有机唯物主义的厌恶，他回忆道，在当时那些场合，"是宙斯的闪电击倒了俾格米人"（即权威击倒了渺小的人）。加尔抱怨道，自那时起，他的发现沦为"古董""冒牌货""荒唐事"，各大报纸开始以嘲笑的口吻报道所谓的"（先天的）头上肿块"。加尔还指出，如果拿破仑真想摧毁一切唯物主义倾向，不仅应该禁止解剖学和生理学研究，还应该禁止物理学、自然史、食物、气候、气质对人的性格的影响。或许还可

[①] 关于加尔和施普尔茨海姆先生有关大脑解剖的文献报告，委员会由特农（Tenon）、波特（Portal）、萨巴蒂埃（Sabatier）、皮内尔（Pinel）以及报告人居维叶（Cuvier）组成，1808 年 4 月 25 日和 5 月 2 日宣读，载于《法兰西学院数学和物理科学班文献集》。加尔和施普尔茨海姆两人在其作品中做出回应：《对于神经系统的整体研究》，207—254 页。

以下令禁止所有关于提倡用眼睛看、用耳朵听的教导。但是，需要十万门大炮和同样多的刺刀，来让灵魂的功能独立于机体之外①。

　　拿破仑将加尔归入江湖骗子的行列，把他与约翰·卡斯帕·拉瓦特、卡里奥斯特罗·亚历山德罗和弗朗茨·安东·梅斯梅尔归为一类：这些人都是通过鼓吹最具欺骗性的理论，满足大众对奇迹的好奇心。这位被流放的前皇帝在《圣赫勒拿文献集》（Mémorial de Sainte-Hélène）中吹嘘说，他为让人们不再相信所谓"奇迹"付出了极大代价，意指 1808 年法兰西学院通过的判决。人的恶意的本质，源于在不准确的信息基础上控制他人的欲望。自然却不是以这种粗暴的方式揭示它精细、微妙的秘密的，自然紧紧守护自己的秘密。体积巨大的大脑袋或许无法表达想法，而人们却可能在一个小脑袋里发现相当大的智慧。拿破仑称加尔为低能儿，因为他不认为自然中的大脑存在先天的犯罪倾向，这些倾向来自社会习俗：如果没有私有财产制度，大脑"颅骨突出"所代表的盗窃倾向会变成什么？这同样适用于评价拉瓦特的相术：从一个人的相貌特征来推断其性格是否可靠，然而外部标志大多是谎言。要想真正了解人类，就必须与他们面对面，对其进行测试并观察其行为举止。拿破仑人生末期的医学记录者弗朗索瓦·安东马尔基（François

---

① 详见：《弗朗索瓦·安东马尔基的文献集》（又名《拿破仑的最后时刻》），载于弗兰茨·约瑟夫·加尔，《论大脑及其各部分功能（第六卷）：对一些解剖学—生理学著作的评论和对道德品质和智力能力的新哲学的阐述》，巴黎：巴里耶尔出版社，1825 年，381—389 页。

Antonmarchi）评论道：加尔强大的诋毁者所做的预言未能实现，因为后来加尔挽回了第一次的失败，并观察到拿破仑的头颅发育较晚，因此得以挽回尊严。此事拿破仑的帽匠可以作证，他曾在帝国时期为其将帽子改大 [1]（图 2.7）。

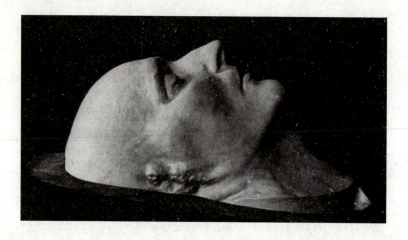

图 2.7：弗朗索瓦·安东马尔基制作的"拿破仑的头部铸件"，藏于巴黎军事博物馆。

在加尔的崇拜者中，有不少人最终将器官学说等同于简单的颅脑检查，而他的反对者则将其视为颅脑学。此外，普通民众也对此有同样的看法和理解。虽然存在许多误解，但实际上，他们也掌握了一个重要方面：尽管纷争不断，但在卓越的大脑解剖学和生理学

———————

[1] 详见：《圣赫勒拿文献集：拉斯·库斯伯爵在流亡中的拿破仑的帮助下完成，由奥米拉和弗朗索瓦·安东马尔基完成》，巴黎：布尔丹，1842 年，第 1 册，815—817 页。

之间，仍然存在着明显的差距。居于首要地位的不是大脑皮层，而是头骨，在其中，他们最终找到了 27 种原始能力：前 10 种是人类和所有脊椎动物共有的能力，后 9 种是高等脊椎动物共有的能力，最后 8 种是人类独有的能力。而且，仅凭胚胎学上的依据（即骨帽总是与下面的皮质相吻合）仍然不够。尽管这看似真实，但作为一个整体，脑回永远不会完全确定地显示出加尔所列的区域。因此，必须将外部光线投射到每个半球上，以划分出 27 个特定的器官。大脑皮层本身在生理上并不会说话，这对那些试图探索大脑"雄辩能力"的人而言是最大的讽刺。

　　加尔通过统计学收集了数百个头骨和石膏，然后将它们与所属个体群的生活进行比较、分类和对比，从而构成其心理生理学体系 ①（图 2.8）。值得称赞的是，这种器官学的直觉首次出现在他的观察里：他观察到在同学中，凸出的眼睛和良好的记忆力之间经常存在关联。而正如我们所知，认为每个功能都有一个对应器官的定位原则，这并不是加尔的发明。在前文中，我们已经看到自古代晚期以来，脑室研究是如何一步步进入人们的视野之中的，比如笛卡尔的松果体，它是灵魂和身体之间的一个虚幻的交叉点。在

---

① 加尔收集的材料，保存在巴黎人类博物馆的人类学铸模部分，详见：埃尔文·阿克内西（Erwin K. Ackerknecht），亨利·瓦卢瓦（Henri Vallois），《弗兰茨·约瑟夫·加尔及其藏品》，巴黎：博物馆出版社，1955 年。在奥地利保存有一个维也纳时期加尔的藏品，详见：鲁道夫·毛雷尔（Rudolf Maurer），《维也纳附近的巴登罗利特博物馆中的加尔头骨收藏品——弗兰茨·约瑟夫·加尔（1758—1828 年）》，载于《维也纳医学周刊》，2008 年，第 158 期，339—351 页。

1795 年写给解剖学家塞缪尔·托马斯·索默林（Samuel Thomas Soemmerring）的一些信件中，康德谈到了灵魂器官的问题，并断定这一器官的研究问题具有不可解决性和矛盾性[1]。康德推断，灵魂用内部感官感知自己，因此不能为自己分配一个特定的身体空间，即外部感官，除非它将自己转化为自己外部直觉的对象，将自己置于自身之外。在康德提出诡辩论的几十年后，斯宾塞（Spencer）甚至从不曾怀疑，他深信大脑的不同部分为特定种类的心理活动服务。根据其作品《心理学原理》（*Principles of Psychology*），对功能的定位是所有组织形式的规律。因此，对于不同的结构和任务而言，如果大脑半球是一个例外，没有功能定位，那是非常奇怪的。在康德和斯宾塞生活之间的时间里，颅相学达到了一个高峰，随后消亡，但定位原则却流行起来，为一系列漫长的神经生理学研究注入了活力。

---

① 详见：塞缪尔·托马斯·索默林（Samuel Thomas Soemmerring），《论灵魂的器官》，柯尼斯堡：弗里德里希·尼科洛维乌斯，1796 年，与康德的信件节选（81—86 页）。席勒（Schiller）、荷尔德林（Hölderlin）和歌德（Goethe）也与之相关，详见：彼得·麦克劳克林（Peter McLaughlin）《索默林与康德：关于灵魂的器官和能力的争论》，载于《索默林研究》，1985 年，第 1 期，191—201 页。

图 2.8：加尔收藏的头骨，藏于罗莱博物馆。

对加尔来说，定位一方面需要检查头盖的凹凸部位，另一方面需要辨别基本的智力和道德品质。第二项任务给他带来诸多麻烦，比例、分布和交集的变化，需要能够阐释个体间和种间差异的功能。他的推理如下：所有的身体都有共同点，即延伸性、重量、不可渗透性，但并非所有的身体都是金、铜、植物或动物。这同样适用于人，如果想让不可否认的个体性根植于人的机体中，就不能再抽象、规范地把人分割成完全一样的部分，也不可能利用诸如感知、判断、想象等通用概念。利用这些概念，没有一个哲学家能够解释不同的、具有独特性的才能和行为。

加尔称其曾向约翰·洛克、马勒布兰奇（Malebranche）、孔狄亚克、德斯蒂·德·特拉西（Destutt de Tracy）、博内、沃夫（Wolff）等人咨询，但都徒劳无获，他只找到了基于古典形而上学或感性方法的某些无用建议。研究"普遍感受"的苏格兰人托马斯·里德（Thomas Reid）和杜加尔德·斯图尔特（Dugald Stewart）似乎做出了更有益的贡献，尽管他们的命名体系仍然过多强调内在感受或一般属性。但通过"普遍感受"这一术语，加尔削弱了灵魂往日的"主导权"：身体的所有部分都拥有这些权力，不再仅仅是灵魂的特性。在研究涉及孩子或学生的问题时，父母、教师绝不会诉诸哲学家的古老能力。大脑的 27 种能力并不仅仅属于三大经典分类（知识、感觉、意志）中任何一类，而是以一种奇特的方式对三个类别皆有涉及。对灵魂传统力量的垂直分析其实是经典错误，它无法描绘个人的特征，而且人的器官功能的水平和运作并非能用一个虚拟的共同点描述，而是视特定个体情况而定。

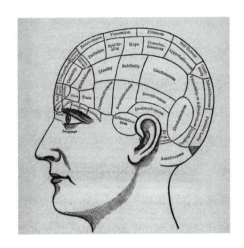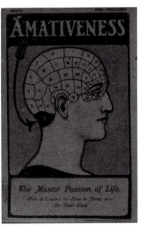

图 2.9：性本能（恋爱本能）的区域。

如果我们进入加尔为描述每一种倾向和能力所设置的空间，我们就会意识到：他指出的某些研究路径充满迹象、证词和次要观点；而在其他路径中，则缺少证明性案例，使人不禁怀疑他有没有完成研究。其中一个例子是：通过对雌性头部（雌性头部在枕部比雄性头部更突出）的反复触诊，以及对致力于照顾和教育孩子的动物的头颅镜检查，他希望研究出"爱子之人"的特征。但是，经过对一个憎恨新生儿的母亲的头部的观察，或对许多杀婴妇女的观察，加尔发现她们脑部的相关区域几乎没有任何不同。最后，一些年老的没有婚育史的女性曾经报告说，在她们自己的想象中，女人怀孕时，在脑部相应位置会出现一个凸点，这似乎能够证明这一推测。

在加尔拟定的功能名单中，居于首位的是"性"本能，它对生命的延续至关重要，并在所有其他本能中占主导地位。据说，"性"本能占据着小脑，而小脑是一个相当神秘的器官，罗兰多和弗罗伦斯在 18 世纪头三十年间围绕它展开了重要实验，并将其与运动功能联系起来。然而，颅相学家们固执己见，笃信加尔的阐释，把研究建立在陈旧方法的基础上。他们认为，只有具有小脑的动物才会进行性繁殖；在兴奋时，这个区域会肿胀、发热；热情的野兽（公羊、公牛、鸽子）有强大的颈部，正如雄性的颈部比雌性的更健壮一样。同样，早期阉割会影响小脑的生长，反之，小脑的病变也会影响生殖器的发育（图 2.9）。加尔评论道，由于这种原始本能的作用，动物王国中，一半与另一半将会在不可言喻的享受中进行融合。他在维也纳举办讲座时，有许多女性到场。然而，这些讲座对一些人来说过于露骨，这是他被放逐的原因之一。作为那个时代的男性，他只能认同男性中心主义，也有"女性大多不讲道理、软弱和情绪化"的偏见。他吹嘘道，凭借自己的专业眼力，定能准确通过任何动物大脑分辨出性别 [1]。

在为确定灵魂的约束力量而使用的不同手段中，有一个分级的细化尺度，从藻类到简单的章鱼，从哲学家到神学家。加尔认为，

---

[1] 在加尔眼中，"成长和繁殖"是最为普遍的规律，因此，与其他"基本力量"相比，生殖本能有更大的空间。详见：迈克尔·肖特兰（Michael Shortland），《向小脑求爱：早期器官学和颅相学的性行为观点》，载于《英国科学史期刊》，1987 年，第 20 期，173—199 页；塔比亚·康奈尔（Tabea Cornel），《弗兰茨·约瑟夫·加尔器官学中的性和性别问题：一种初级方法》，载于《神经科学史期刊》，2014 年，第 23 期，377—394 页。

类比和比较生理学揭示了动物和人脑之间惊人的相似之处（前者是后者的碎片或自然"残缺"）以及稳定的层次结构，表现了各种心理素质的物质条件在神经系统中逐渐提高的顺序。器官学文献也运用了动物标本，其中加尔对解剖学展品、动物生活场景、各种物种的行为以及对其智力程度的判断进行了分类和说明。在他的描述中，人们可以瞥见比较伦理学的雏形，它展示了对一个全新世界的兴趣，而这个世界也是新闻和知识的来源。加尔有力地抨击了哲学家们的论点：他们希望野兽只由本能驱动，而人则由智力引导。是动物没有智慧，还是人的行为不受冲动情绪的驱动？加尔著作中的例子俯拾皆是，这些例子旨在摧毁一种无知和傲慢的哲学，而这种哲学声称要将人类从自然法则中删除，将其他物种限制在盲目的自动状态中。不仅如此，加尔作品里层出不穷的例子和事件，都表示对野兽的情感亲近，这一行为似乎是为了弥补对人类不恭敬的判断。

加尔看起来对动物界有着很深的了解，而且，他高度赞赏不受人类潜规则影响、更加清晰的伦理。他生活在偌大的首都，辗转于腐败的沙龙和聚会场所，对受教育阶层的陋习满是愤慨。蒙特鲁日的小庄园，乡下的一角显然不足以荡涤他的心灵，但他对那片森林（Schwarzwald，德国黑森林）感到怀念，他在那里出生、成长，在骑马和打猎中纵享人生趣味。加尔的器官学也有一个明显的标志：它是自然界仍然处于前工业化时代的证明，在加尔笔下，伟大的自然充满活力。某些作者指责他写的纯粹是童话故事，并认为，为支持器官学而报道一只小狗的事迹，属实可笑。加尔不得不为自己辩护。那么，除了那些对妇女和大象的研究以外，他还能提供什么作为经验证据呢？这一回答令人咋舌。

加尔的动物学还有另一面。它虽然起补充作用，却也是充满矛盾的，它是一种不信任人类的人类学：人似乎沉浸在动物王国中，但同时又过度凶残，破坏性的本能，在能够自我超越和救赎的人身上反而更明显，且具有不可饶恕性。这些关于疯狂、野蛮和犯罪的编年史，似乎是一个流浪的说书人所写，加尔目睹了令人毛骨悚然的压迫和暴力行为。他对刑事责任概念的分析，不乏贯穿 18 世纪法医精神病学史的真知灼见。此外，他还认为，美德和罪行不仅可以归因于其动因（先天因素），也可以归因于教育者和政府人员；比起抽象的正义，社会防卫才是判决和拘留的真正原因。加尔认为，社会上不仅盛行着各种病态情绪，社会生活也是模拟和欺骗、诡计和幻觉的集合体。当他在维也纳首次出现于学界的半个世纪前，让-雅克·卢梭在第戎学院的获奖演说《论科学与艺术》（*Discours sur les sciences et les arts*）中也曾发出过类似的感叹：在启蒙时代所推崇的城市化中，人们不再敢于表露自己，也不知道自己在与谁打交道。卢梭在 1757 年至 1758 年间写给心上人苏菲·乌德托（Sophie d'Houdetot）伯爵夫人的第三封道德书信中补充道：一个人没有办法看到别人隐藏的灵魂，也没有办法看到自己的灵魂，因为他被剥夺了能够向我们展示它的"智力之镜"①。通过颅脑检查，加尔希望提供有效的工具，以深入研究他人和自己的内心。

19世纪30年代，生理学家佛朗索瓦·约瑟夫·维克多·布鲁赛（François-Joseph-Victor Broussais）转而支持颅相学理论，他赞扬了那套不可或缺的符号库，认为通过它可以掌握人的行为的隐藏意图。一个人越是狡猾，越是不容易受骗，就越知道如何装出坦诚的语气和相貌。倘若需要与他人确定关系，往往需要许多经验，但大多时候，经验总是积累得太晚。因此，人们只能从外部线索中获得经验，以区分阴谋家和善意的人。邪恶的嗜好从来不会在第一时间暴露出来，往往只有在事后才会被发现。许多不愉快，不论是私人的还是公共的，都可以通过测谎仪来避免。测谎仪能够揭开隐藏的秘密倾向，并在出人意料的情况下将秘密揭露出来。布鲁赛总结道："在脑科学知识中，存在着一种教育家、行政人员、法学家和医生均可从中受益的检查准则②。"在充满社会信任危机的时代（或许对一些人而言，这一危机是近期才出现），加尔宣称，其构思的"有益科学"具有纠正作用：它可以确定个人真实身份，使诚

① 详见：让-雅克·卢梭，《1750年在第戎学院的获奖演说；在这个问题上，由同一学院提出：如果科学和艺术的重新建立有助于净化道德》，日内瓦：巴里洛和菲尔斯，出版年份不详，10—11页；让-雅克·卢梭，《卢梭全集》，巴黎：伽利玛德出版社，第4册，1969年，1092页。

② 详见：佛朗索瓦·约瑟夫·维克多·布鲁赛（François-Joseph-Victor Broussais），《颅相学课程》，巴黎：贝利耶尔，1836，II—X。

实的人免受欺诈，在人们伤害自己和他人之前指出"破绽"，并勒令其予以修正或自行克制。在某种意义上，奥古斯特·孔德（Auguste Comte）希望使人类从错误中再生，将那场"快乐的哲学革命"纳入自身体系，对智力和道德现象展开最终的积极的研究，这将是合理的举措①。

---

① 详见：奥古斯特·孔德，《积极哲学的课程（第三卷）：包含化学和生物哲学》，巴黎：学士院出版社，1838年，489、604—671页。

4. 传播，接收（颅骨狂热）

几十年来，颅相学风潮产生了巨大的影响，人们经常在 19 世纪上半叶的文献中发现对这一时期的记录。颅相学在西方几乎遍地开花，根据时间和地理区域的不同而变化。最重要的是，英美和法国的作家都像中了魔咒一般，他们充分利用了颅相学家赋予大脑和头骨的霸权和后者提供的新手段。除了提供研究身心关系的一般视野，它们一方面可以被用来（与旧的和最新的相貌学工具一起）描述小说中的人物，决定他或她的行动或命运，或指导关系和行为。另一方面，这些工具似乎给了读者一个可破译的符号代码，且强化了情节的真实性或必要性。因此，叙事者和诗人长期以来都与颅相学保持着紧密的关系。例如，塞缪尔·泰勒·柯勒律治、查尔斯·狄更斯、夏洛特·勃朗特、乔治·艾略特、埃德加·爱伦·坡、赫尔曼·梅尔维尔、马克·吐温、沃尔特·惠特曼、奥诺雷·德·巴尔扎克、司汤达、维克多·雨果、查尔斯·波德莱尔，仿佛是一种在热爱下做出的选择，将 19 世纪的小说与加尔的生物联系在一起[1]。

艺术的表现形式与科学的没有什么不同。一方面，艺术表现是一个图像库，可以为颅相学研究中能力和倾向的部分提供一些材料。另一方面，对颅骨的关注在很长一段时间内以一种对等循环的方式，激励了大量的肖像、半身像和塑像制作。1836 年，记者兼艺术评论家泰奥菲勒·托雷（Théophile Thoré）出版了一本关于颅相学的大型词典，主要供艺术家使用，它被定义为"从统一的角度"研究人类的新科学，而基督教在近两千年的时间里，一直以执着的二元论方式解释一切：上帝与魔鬼，精神与物质，灵魂与身体，等等[2]。19 世纪上半叶，在欧洲非常活跃的漫画艺术也没能逃脱颅相学的"狂热"。例如漫画家、狄更斯小说的插画师乔治·克鲁克尚克（George Cruikshank），他的版画集出版于 1826 年，其中他讽刺了那些宣扬可以在头部找到所谓"功能"的人；奥诺雷·杜米埃（Honoré Daumier）也嘲笑了那些信奉颅内检查仪式的人。信仰

---

[1] 详见：朗达·博希尔斯（Rhonda Boshears）、哈里·惠特克（Harry Whitaker），《维多利亚时代文学中的颅相学和相学》，载于《文学、神经学和神经科学：历史和文学的联系》，阿姆斯特丹：爱思唯尔，2013 年，87—112 页。

[2] 详见：泰奥菲勒·托雷（Théophile Thoré），《颅相学和面相学词典：供艺术家、世界人民、教师、家庭的父亲、陪审团等使用》，巴黎，1836 年。

与嘲笑、滑稽模仿相结合，就像一个硬币的两面，相得益彰[1]。到最后，颅相学与摄影技术产生了交集，二者之间有丰富的交流[2]（图2.10 和 2.11）。

图 2.10：乔治·克鲁克香克版画集《颅骨学插图》封面图像。

[1] 详见：乔治·克鲁克香克，《颅骨学插图》（又名《艺术家对加尔和施普尔茨海姆的颅骨学系统的看法》），伦敦：克鲁克香克，1826 年。

[2] 详见：查尔斯·科尔伯特（Charles Colbert），《完美的衡量标准：颅相学与美国美术》，教堂山-伦敦：北卡罗来纳大学出版社，1997 年；洛朗·巴里登（Laurent Baridon），《作为科学的肖像画：19 世纪法国的精神病学和视觉艺术》，载于克里斯托夫·布顿（Christophe Bouton），瓦莱里·劳兰德（Valéry Laurand），莱拉·雷德（Layla Raïd），《相学：一门伪科学的哲学问题》，巴黎，2003 年，143—170 页。

图 2.11：颅内检查。奥诺雷·杜米埃《图文并茂的医学克星：讽刺小说集》插图。

在庞大而多样的乌托邦小说中，约翰·特罗特（John Trotter）写了一个奇特的旅行故事。他曾是东印度公司的一名年轻官员，因抵抗不了孟加拉的恶劣气候而英年早逝。1825 年，他谎称在雷根斯堡发现了一份意大利手稿，并将其英译本呈现给公众[1]。据说，这份手稿出自吉奥·巴蒂斯塔·巴尔斯科波（Gio. Battista

---

① 详见：唐·何塞·巴尔斯科波（Don Jose Balscopo），《精神病学旅行》，加尔各答：塞缪尔史密斯公司，1825 年。吉奥·巴蒂斯塔·巴尔斯科波（Gio. Battista Balscopo）写了一个同名的后期版本（伦敦：桑德斯和奥特利，1829 年）。

Balscopo）之手，他是帕多瓦的一位药剂师和外科医生的儿子，热衷于研究气体化学，是气球制造的先驱。在一次气球上升过程中，他迷失了方向，降落在一个悬浮于云层中的岛屿上［该岛屿以乔纳森·斯威夫特（Jonathan Swift）的拉普达岛为原型］，在那里居住着奇异但又文明、智慧的人。迎面走来的都是被剃光头的男男女女，他们的头骨被黑线划分为许多区域，他为此深受震撼。作为张伯伦大人的座上宾，巴尔斯科波发现他身处弗里诺加斯托王国（首都是克兰奥斯科普斯科城），该王国由十二个埃及家庭在二十五个世纪前建立，他们在一次月球探险中乘坐气球飞到这里。在那个遥远的年代，埃及有一个哲学家、颅骨学家的教派，他们致力于研究神秘科学。然而，随着时间的推移，它那高尚的科学仿佛已与宇航员一起迁徙，在地球人类的视线中逐渐淡去。张伯伦勋爵评论道："难怪，它以一种衰败的状态存在着。然而，第一批定居者的后裔不会停止对颅相学这一学说的发展——即头骨的形状包含着自然的秘密，头骨也能确保个人和集体能量的快速增长。"

巴尔斯科波是第一个访问该岛的外国人，他引起了当地人极大的好奇心。他们按照当地的时尚来给他打扮，给巴尔斯科波穿上了一套传统的骷髅头套装。他们给他剃头，在他头上安装了美容假体，以掩盖他头部的天然畸形。他们向他描述了当地的政治体系：不同形式的智力通过完美的分工进行协调；没有任何偶然的事情，一切都由谨慎的选择能力来调节。

大脑简史

在十六岁时，以颅相学为中心的社会的公民通过入会仪式成为成年人，在仪式上，他们的才能通过颅骨检查得到破译。没人能够在未持有从业资格证的情况下从事某种行业或职业，这样就避免了资源的浪费。需要对犯罪负责的不是犯罪者，而是那些以错误方式培养他们的人。只有到达一定年龄，头骨才会形成最终的形状，每个人的倾向才得以固定。在此之前，纠正不良倾向是无济于事的。

所有年轻人从八岁就开始准备就读于波尔多斯博斯科大学，在前往大学的路上，巴尔斯科波偶遇了尼科德摩斯（Nichodemos）先生，一位生活在趋于完美世界里的教授和思想家。这位先生向他准确地描述了这个世界：诸神已经提供了一切最好的东西，就看人类如何正确地利用自身所具有的自然天赋；宇宙的和谐与完美通过一种亘古不变的必然性取得胜利，这种必然性人们无法逃避，只能竭尽全力地遵循。巴尔斯科波注意到，这种生活方式自相矛盾，有时甚至会带来残酷的实际后果，因此，他对其既钦佩又害怕。他必须承认其深度和合理性，但与此同时，他也很难接受精神外科的大胆做法——实际上存在大脑形态异常或不匹配的各种案例。但是最后，他选择与张伯伦勋爵的女儿结婚，并决定留在岛上。在思念故乡时，他也常常回忆地球生活。

当这本书问世时，英国的颅相学理论已经传播甚远。这种具有新思想和新行为的学科，在近乎神圣的设计框架中找到了落脚处。这个框架在一个半世纪前就已在当地扎根。威廉·佩利（William

Paley）的《自然神学》（*Natural Theology*）自一出版便享有盛誉，在 1802 年至 1820 年间重印了 20 次；1833 年至 1836 年间出版的八部《布里奇沃特论文》（*Bridgewater Treatises*），旨在说明上帝在自然界的能力、智慧和仁慈，也受到了公众的热捧。与此不同的是，苏格兰律师乔治·库姆（George Combe）在 1820 年成立了爱丁堡颅相学学会（该学会活跃了长达半个世纪）[1]，并在 1828 年编撰了一本自然宗教和大众科学手册《相对于外部对象所构思的人的构造》。在书中，库姆夸大了造物的秩序，强调了性情和才能的遗传性，说明了人身上的必要部分以及待完善部分，并制定了各部分的职责表，其中首先包括对自然规律的遵守。此书一经出版便在市场中大卖：页数不断扩充，重印了一版又一版，在 1860 年之前，在英国已经售出了十万册，在美国则售出了二十万册，几乎可以称得上一种"连续的生产"[2]。

在致力于将头骨的类型结构作为性格标志的分类中，库姆肯定了整体"改革"的紧迫性：它是认识和变革的指南，是道德和判断

---

[1] 详见：马修·考夫曼（Matthew H. Kaufman），《爱丁堡颅相学学会：一部历史》，爱丁堡：威廉-拉姆塞-亨德森信托公司，2005 年。

[2] 详见：乔治·库姆（George Combe），《相对于外部对象所构思的人的构造》，爱丁堡：约翰-安德森君，1828 年。约翰·范·维赫（John van Wyhe），《颅相学和维多利亚时代科学自然主义起源》，奥尔德肖特-伯灵顿：阿什盖特出版社，2004 年，128—129 页。比尔·詹金斯（Bill Jenkins），《乔治·库姆人的结构中的颅相学、遗传和进步》，载于《英国科学史期刊》，2015 年，第 48 期，455—473 页。詹姆斯·塞科德（James A. Secord），《科学的愿景：维多利亚时代来临之际的书籍和读者》，牛津：牛津大学出版社，2014 年，194 页。

的新基础。库姆申明，得益于宗教的自由和宽容，颅相学理论在英格兰和苏格兰取得了飞速进展，并在工匠和工人中传播了工作伦理和自我完善的理念。它达成了目标，在 19 世纪 20 年代兴起的"机械"学校的教师和学生中赢得了共识。在这些学校中，自然科学、政治经济学和职业教育相结合，在不断扩大的城市和工业社会中，扩充了骨干力量。

很长一段时间以来，不知疲倦的学者努力引导各类宣传活动，颅相学在英国得以广泛普及[①]。这一学科也招致了诸多批评，例如生理学家彼得·马克·罗杰特（Peter Mark Roget）的批判。罗杰特后来编写了《英语单词和短语辞典》（*Thesaurus of English Words and Phrases*），并于1818年为《大英百科全书》（*Encyclopaedia Britannica*）编写了一个长长的颅骨检查条目，对这门所谓的"新科学"做了严谨的概述，这个条目也被收录在后来的版本中（从1842 年起，标题更改为"颅相学"）。罗杰特认为这一学科的理论基础非常薄弱，甚至不需要自己挥动武器去批判它，它不过是为乔纳森·斯威夫特（Jonathan Swift）的小说（即拉普达岛上古怪的哲学家们的故事）增添了一点写作的素材。事实上，他拆穿了颅相学

---

① 详见：大卫·德·朱斯蒂诺（David de Giustino），《思想的征服：颅相学和维多利亚时代的社会思想》，伦敦：克鲁姆海尔姆出版社，1975 年；罗杰·库特（Roger Cooter），《大众科学的文化意义：19 世纪英国的颅相学和赞同的组织》，剑桥：剑桥大学出版社，1984 年；罗杰·库特，《不列颠群岛的颅相学：注释的历史书目和索引》，梅图森（新泽西）–伦敦：稻草人出版社，1989 年。

研究的伪装，明确指出它毫无理论根据。大脑的解剖结构如此复杂，与各部分的功能毫无关联，任何生理系统都是在它的基础上建立的，人们也无法确定一个器官的大小与它的功能有没有直接关系。颅相学家的著作中，充斥着无数的逻辑缺陷，极易被揭露，并且任何论题都可以通过他们的所谓推理得到支持。罗杰特和乔治·库姆在后来出版的信件中就这些反对意见展开了对峙 ①。

做巡回宣讲的颅相学家展示了他们收集的头骨和模型，他们会从客户的骨骼结构中推断出其性格。据估计，在 1836 年，约有五千名类似学者走遍了英国的各个角落 ②。此外，他们经常比较研究不同种族。白人具有优越性的论点就此流传开来，并逐渐渗透到了人们的日常认识中。同时，人们越来越担心，从长远来看，与英国殖民地的交流可能会败坏自身血统的优势，而这一血统能够统治其他种族。颅相学自然主义也是这种思想形成的原因之一，因为它的目标之一就是改善自身的物种。新的思想与提议，推动了在可塑的生物物质上，抑制动物的食欲和激情的研究。这一研究仍然是混

① 详见：彼得·马克·罗杰特（Peter Mark Roget），《颅相学：载于 < 大英百科全书 > 第四、第五、第六版补编，第三卷》，爱丁堡：康斯特布尔和公司，1824 年，419—437 页。彼得·马克·罗杰特，《生理学和颅相学论文，摘自 < 大英百科全书 > 第七版》，爱丁堡：亚当和查尔斯布莱克，1838 年，5—93 页。

② 详见：约翰·范·维赫（John van Wyhe），《通过公开演讲传播颅相学》，载于艾琳·费夫（Aileen Fyfe）、伯纳德·莱特曼（Bernard Lightman）（编著），《市场中的科学：19 世纪的场所和经验》，芝加哥：芝加哥大学出版社，2007 年，60—96 页。

乱的，但是随着时间的推移，人们越来越清醒地想到了利用对身心关系的颅相学论述，对精神遗传进行研究的可能。

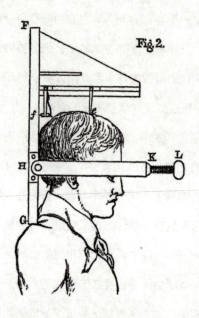

图 2.12：头颅成像仪。

赫伯特·斯宾塞（Herbert Spencer）在其自传中回忆道，在他还是个小男孩的时候，他就在德比看到了一些颅相学眼镜，只有克服对陈列的一排"微笑的头骨"的反感情绪，他才能真正成为一名"信徒"。他甚至准备在十几年后对自己的头部进行触诊，以便接受不少于40项智力和道德倾向的详细评估。在1842年至1846年间，他还写了一些与此相关的文献。不仅如此，由于对人们平常通过视觉和触觉探索头部感到不满，他甚至还设计了一种能够进行精确测量的方法和工具，即"头颅成像仪"，可惜效果不佳。这时，他对颅相学失去了热情，但还是为后世留下了一大贡献：即赋予中枢神经系统首要地位。正如他在 1855 年出版的《心理学原理》（*Principles of Psychology*）中所呈现的那样 [1]（图 2.12）。

　　西方的颅相学是一个广泛的、异质的运动，有时会被比作一百年后的精神分析 [2]。约翰·特罗特（John Trotter）在加尔各答写下了《颅相学旅行记》（*Travels in Phrenologasto*），巴黎的教室和沙龙都纷纷沉浸在这一喜讯中（尽管部分科学界人士竭力反对）。不久后，出现了一个人，他用另一个帕林休根学的信息来征服海外新兴国家的教育阶层。出生于诺瓦拉的医生乔瓦尼·安东尼奥·福萨蒂（Giovanni Antonio Fossati），生性急躁，毕业于帕维亚，在米兰为乔瓦尼·拉索里（Giovanni Rasori）担任助手，1820 年流亡至巴黎的卡博纳罗。在一次宣传之旅中，他带着惯用的颅相学设备，于 1824 年在意大利的主要城市进行了巡展，引起了同僚及众多教育阶层分子的好奇心，但未能建立任何重要的宣传中心。在返回途中，当他经过都灵时，尽管福萨蒂小心翼翼，但其所带书籍和设备在边境却被一概没收。他在旅行记述中指出，耶稣会士以自己

---

① 详见：赫伯特·斯宾塞（Herbert Spencer），《一部自传：两卷本插图》，纽约：阿普尔顿公司，1904 年，第 1 册，227—228 页、297 页。
② 详见：卡尔·达伦巴赫（Karl M. Dallenbach），《颅相学与精神分析学》，载于《美国心理学杂志》，1955 年，第 68 期，511—525 页。

的方式操纵大脑，这已经足够了①。

在意大利，关于头骨的学说（当时还尚未出现"颅相学"这一术语）首次短暂出现，是伴随着法国拿破仑军队的入侵到来的。1806 年至 1808 年之间，头骨的学说开始成为文学期刊的讨论主题。而医生乔瓦尼·迈尔（Giovanni Mayer）则写了一本书，试图修正传播的"错误观念"，邀请哲学家们对其进行严格审查。解剖学家文森佐·马拉卡内（Vincenzo Malacarne）是脑部结构方面的伟大专家，他对这一问题也发表了自己的看法：他认为，加尔的假设基于第三手资料，即基于一位德国医生于 1805 年发表的器官系统研究的意大利语翻译②。1804 年，文森佐·库科（Vincenzo Cuoco）在其指导的意大利王国政府官方机关报米兰《意大利日报》上写到了这一点③。1839 年，卡洛·卡塔内奥（Carlo Cattaneo）与一位合作者一起，在几个月前成立的《理工学院》杂志上审查了一封关于颅相学的信，这封信没有"为一方或另一方争夺领域"，却在结论中说，"旧的形而上学就像这个世界一样，几个世纪以来没有产

---

① 详见：乔瓦尼·安东尼奥·福萨蒂（Giovanni Antonio Fossati），《论智力生理学对科学、文学和艺术的影响：在爱丁堡颅相学学会上发表的颅相学课程开幕式上的讲话以及意大利颅相学的相关报告》，巴黎，1828 年。
② 详见：文森佐·马拉卡内（Vincenzo Malacarne），《弗兰茨·约瑟夫·加尔对脊髓和大脑神经系统的发现：毕晓普博士做了深入研究，并以正确的方式定义其价值》，载于《意大利科学学会数学和物理学文献集》，1809 年，第 14 期，1—58 页。
③ 详见：乔瓦尼·迈尔（Giovanni Mayer），《加尔关于头骨和大脑学说的阐述》，意大利，1808 年。

生任何新东西"[1]。

尽管匿名的《阐述加尔的学说或大脑的新理论》（*Exposición de la doctrina del Doctor Gall*）于 1806 年在马德里问世，随后的部分相关理论也有据可考，但总体而言，颅相学在西班牙兴起较晚，其风潮相对短暂。颅相学在西班牙直到 20 世纪 40 年代才逐渐兴起，加泰罗尼亚语言学家马里亚诺·库比·伊·索莱尔（Mariano Cubí y Soler）在美国、古巴和墨西哥旅居很久之后回到祖国，开始大力传播（和修改）颅相学动词；他有一群追随者，但也不乏针锋相对的反对者。他为此受到教会人员的指责，也曾在圣地亚哥-德孔波斯特拉被软禁数月[2]。为避免进一步的麻烦，他在后来的著作中宣称，颅相学与天主教的原则完全一致，并标榜其作品都是经过教会的许可后才得以出版的。1858 年，库比将他众多作品中的一部两卷译本献给了拿破仑三世（Napoleone III）。而在几年前，库比就已经检查过拿破仑以及其西班牙妻子欧亨尼娅·德·蒙蒂霍（Eugenia

---

[1] 详见：朱塞佩·坎齐亚尼（Giuseppe Canziani）、卡罗·卡塔尼奥（Carlo Cattaneo），《颅相学：约瑟夫·弗兰克的信》，载于《理工学院》，1839 年，第 2 期，67—87 页。

[2] 详见：马里亚诺·库比·伊·索莱尔（Mariano Cubí y Soler），《阐述加尔的学说或大脑的新理论：认为大脑是灵魂的智力和道德能力的居所》，马德里：比利亚尔潘多出版社，1806 年。埃德尔米拉·多梅内克（Edelmira Domenech），《颅相学：对有机主义心理学说的历史分析》，巴塞罗那：佩德罗-马塔研讨会，1977 年，35—182 页。埃斯特班·加西亚-阿尔比亚（Esteban García-Albea）、何塞·欧亨尼奥·加西亚-阿尔比亚（José Eugenio García-Albea），《马里亚诺·库比——西班牙颅相学的倡导者：颅相学的兴衰简述》，载于《神经科学与历史》，2014 年，第 2 期，94—105 页。

de Montijo）的头颅①。

改革人类和社会的计划的变种在澳大利亚扎下了根。英联邦政府侵占了澳大利亚，并将在英联邦不受欢迎的国民驱逐至澳大利亚。这样，颅相学似乎具有实操性，被犯罪学家、精神病学家和教育家采用②。此外，大英帝国幅员辽阔，拥有丰富的颅骨物品，也为颅骨交易提供了便捷的渠道。在爱丁堡大学医学院保存的数百个头骨中，有 7 个来自印度，其年代可追溯到 1833 年。每个头骨都有所属个人的名字，并且都有"暴徒"的头衔。"暴徒"是一个由强盗和杀人犯组成的宗教教派，是英国殖民当局的噩梦。一旦罪犯被审判和处决，他们的头颅就会在火化或埋葬前被取出，然后被送到爱丁堡颅相学学会。经研究发现，罪犯的头颅构造与其在生活中表现出的恶行完全吻合：代表动物本能的器官形态突起强烈，而道德情感的器官却几乎没有发展③。

据传闻，有人见到路易吉·菲利普（Luigi Filippo）在 1834

---

① 详见：马里亚诺·库比·伊·索莱尔，《从人的所有关系中考察再生颅相学或一个真正人的哲学系统：科学和实用颅相学的课程》，巴黎：贝利耶尔出版社，1858 年。

② 详见：M. 约翰·泰尔（M. John Thearle），《颅相学在澳大利亚的兴衰》，"澳大利亚和新西兰精神病学期刊"，1993 年，第 27 期，518—525 页。

③ 详见：亨利·斯普里（Henry H. Spry），《关于中印度的帮派杀人犯（俗称"暴徒"）的一些说明；随附他们的七个头骨》，载于《颅相学杂志和杂记》，1834 年，第 8 期，511—524 页。罗伯特·考克斯（Robert Cox），《关于暴徒的头骨和性格的评论》，524—530 页。金·瓦格纳（Kim A. Wagner），《一个头骨的自白：19 世纪早期印度的颅相学和殖民知识》，载于《历史研讨会杂志》，2010 年，第 69 期，27—51 页。

年的巴黎博览会上，在让-巴蒂斯特·萨兰迪埃（Jean-Baptiste Sarlandière）建造的颅骨测量仪（图 2.13）前沾沾自喜地徘徊[①]。另一方面，医学史记录了一些重大转变：在法国有诸多生理学家、临床医生和外来学者，如弗朗索瓦·布鲁赛、让-巴蒂斯特·布约德（Jean-Baptiste Bouillaud）和亚历山大·布里埃·德·博伊斯蒙（Alexandre Brière de Boismont），他们的研究时而令人失望，时而又令人满意。类似案例、纠葛层出不穷，这门学科也希望自己能变成一种信仰，从而延续自身。几十年来，颅相学就像一种能够渗透到各处的液体，或者说像一种适应多种环境和政治情况的传染病，能够迅速蔓延。儒勒·迪蒙·迪维尔（Jules Dumont d'Urville）率领的科学考察团在太平洋考察了三年多后，于 1840 年完成了众多成果，其中，有一些头骨和大约 50 个半身像。颅相学家亚历山大·杜穆蒂埃（Alexandre Dumoutier）用它们再现了土著人的相貌特征。在到达巴黎自然博物馆之前，他们在土伦展出了几天，吸引了成千上万的游客[②]。

[①] 详见：让-巴蒂斯特·萨兰迪埃（Jean-Baptiste Sarlandière），《关于人类头骨测量的考虑因素》，载于《巴黎脑科学会杂志》，1833 年，第 2 期，104—122 页；让-巴蒂斯特·萨兰迪埃，《萨兰迪埃的颅骨测量仪》，载于《巴黎脑科学会杂志》，1833 年，第 2 期，398—401 页。关于法国颅相学的复杂历史，详见：马克·雷纳维尔（Marc Renneville），《颅骨的语言：颅相学的历史》，巴黎：塞诺菲圣德拉堡出版机构，2000 年。

[②] 详见：艾蒂安·塞雷斯（Étienne Serres），《关于"星盘"号和"泽雷"号环球航行的科学成果报告：第一部分——人类学》，载于《科学院的会议记录》，1841 年，643—659 页。

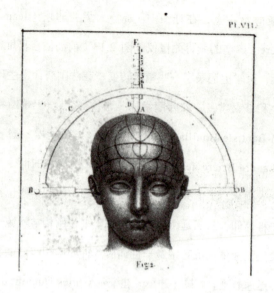

图 2.13：让－巴蒂斯特·萨兰迪埃的颅骨测量仪。

自然学家亨利·德·布兰维尔（Henri de Blainville）于 1839
年至 1841 年期间在索邦大学发表了演讲，从中我们可以看到古老
科学阴谋的实现和这个时代的"必要性"。事实上，加尔旨在为神
经系统研究提供一个基础和方向，以确保其进展。他毕生致力于大
脑生理学的阐述，阐释了基本思想是如何凭借一个人的力量渗透到
科学中去的，然而却遭受到无数的反对、蔑视和嘲讽①。1869 年，《加

---

① 详见：亨利·德·布兰维尔（Henri de Blainville），弗朗索瓦-路易斯-米歇
尔·莫皮德（François-Louis-Michel Maupied），《组织科学的历史及其作为哲学
基础的进展》，巴黎，1847 年，第 3 册，269—270 页。洛朗·克劳扎德（Laurent
Clauzade），《灵性自然主义者亨利·德·布兰维尔的大脑理论》，载于《科学
史期刊》，2012 年，第 65 期，237—257 页。

尔博士》（*Le petit Docteur Gall*），一本关于认识人的颅相学艺术的插图手册，在巴黎再版，这是一个面向大众的出版范例[①]。然而，到了世纪末，人类学家保罗·托皮纳德（Paul Topinard）认为这是人类想象力最奢侈的产物之一，是一种"流行的狂热"，可与当时令各地受教育者和未受教育者眼花缭乱的灵媒主义相媲美[②]。

[①] 详见：亚历山大·大卫（Alexandre David），《加尔博士》（又名《根据加尔和施普尔茨海姆的体系，通过颅相学认识人的艺术：配有木刻插图版》），巴黎：帕萨德，1869 年。

[②] 详见：保罗·托皮纳德（Paul Topinard），《自然界中的人》，巴黎：阿尔坎，1891 年，138 页。

5. 海外迁移

在与将军、大使约翰·阿姆斯特朗（John Armstrong）一同在欧洲逗留期间，年轻的尼古拉斯·比德尔（Nicholas Biddle），未来的银行家和记者，在目睹了拿破仑的加冕仪式后，参加了加尔和施普尔茨海姆在卡尔斯鲁厄的一个系列讲座。1807年，他回到费城，将一个头骨连带其他旅行纪念品一并带回，并在头骨表面刻下了脑区的轮廓。乔治·库姆后来评论道：这是一件极具历史价值的遗物。几年后，该市的医生成立了一个中央颅相学会，通过传播二手宣传材料，试图唤起当地舆论的同情。此外，这也使得"伟大道德引擎"——教育发生变化，它也是研究有效的突破口[1]。

---

① 详见：乔治·库姆（George Combe），《1838—1840年间颅相学学者访问期间，北美合众国的注释》，爱丁堡：麦克拉克伦斯·图尔特公司，1841年，第1册，304页；《费城颅相学会》，载于《费城医学和物理科学杂志》，1822年，第4期，204页。

1825 年，托马斯·杰斐逊（Thomas Jefferson）与约翰·亚当斯（John Adams）开始通信，两位都是伟大的总统。在信中，杰斐逊提到，他读到了一本不同寻常的书。其中，皮埃尔·弗罗伦斯关于神经系统功能的实验得到了其高度赞赏。法国生理学家曾对动物的大脑和小脑进行了部分切除，其他部分则保持不变，并将切除后的效果记录了下来。杰斐逊认为，其结论是，生命可以在一个已经被剥夺了思考器官、完全不具备思考能力的生命中延续下去。那么，唯灵论者对此有何看法呢？亚当斯对此表示怀疑，他认为脑丛中的解剖研究，永远不会显示出物质和精神之间的区别。唯一可以确定的是，存在着"宇宙的活跃原则"：人类仅凭智力无法参透它究竟在哪里，无法渗透到现实的本质[1]。约 250 年前，杰斐逊曾参加过爱尔维修夫人（Madame Helvétius）在巴黎举办的沙龙，认识了一些空想理论家，并大加称赞乔治·卡巴尼斯（Pierre Jean Georges Cabanis）的《人的肉体方面与道德方面之间的关系》（*Rapports du physique et du moral de l'homme*）这部作品，认为该部作品为统一人类科学奠定了心理物理学研究基础[2]。

---

[1] 详见：莱斯特·卡彭（Lester J. Cappon）（编著），《亚当斯–杰斐逊书信：托马斯·杰斐逊与阿比盖尔及约翰·亚当斯之间的完整书信》，北卡罗来纳大学出版社，1959 年，第 2 册，605—607 页。

[2] 详见：对卡巴尼斯的看法见于安德鲁·利普斯科姆（Andrew A. Lipscomb），《托马斯·杰斐逊的著作》，华盛顿（特区）：托马斯·杰斐逊纪念协会，1904 年，404—406 页。

旧欧洲和新美国之间的知识关系由美国人主导，他们以各种理由访问了其中一些国家。其中，查尔斯·考德威尔（Charles Caldwell）负责在巴黎为列克星敦（KY）的特兰西瓦尼亚大学（Transylvania University）购买书籍和仪器，他在 1821 年时常参加加尔和施普尔茨海姆的讲座，尽管当时两人的合作关系已经破裂。几年后，他完成了两个版本的《颅相学要素》（*Elements of Phrenology*），这是美国第一本关于此类问题的手册，它主要面向医科学生。考德威尔还在序言中仔细阐明了新学说与基督教原则的一致性。基督教启示录本身，也证实了物质器官对于精神发展过程的重要性，书中教导人们死后，精神必须与物质重新结合，以接受奖励或惩罚。考德威尔在巴黎了解到了大脑结构的复杂性，他认为当研究对象改变时，不同的大脑器官会介入，以避免过度疲劳。他在自传中对上述理论做了说明。

很多人依旧葆有一腔热血，试图在美国推广颅相学研究。那一时期的颅相学，与个人的皈依和信仰的见证之间也有明显区分。1832 年 6 月 20 日，施普尔茨海姆决定在勒阿弗尔登船，前往纽约进行为期六周的航行，此时，一个注定会有大发展的事件徐徐拉开帷幕。加尔的前助手（即施普尔茨海姆）打算在大西洋彼岸，跟进加尔近二十年前在英格兰和苏格兰开展的研究活动，当地的追随者团体已经获得了一定的支持。施普尔茨海姆当时已经远离其师，更改了专业术语，提高了对器官和分类的研究。此外，他还强调了颅相学的实用性，这也是后来雄心勃勃的改革计划的原材料。加尔已经在人们的视野中消失了四年，而库姆兄弟——乔治·库姆（George Combe）和安德鲁·库姆（Andrew Combe）则被委托在苏格兰主管研究活动。施普尔茨海姆认为，是时候展开对黑人和美洲印第安人生活条件、相貌和头骨的研究了。当时他碰巧与著名的一神论传教士威廉·埃勒里·钱宁（William Ellery Channing）相识，其自由主义者的声誉已经传遍欧洲①。

在纽约，霍乱疫情肆虐，已经夺去了 3000 人的性命。有人建议施普尔茨海姆尽快离开，最好向北出发，前往新英格兰州。在康涅狄格州纽黑文市的一站，他作为受邀嘉宾，参加了耶鲁大学的新学期开学典礼。化学家本杰明·西利曼（Benjamin Silliman）是他的引荐者，1818 年以来，他一直是《美国科学杂志》的创始人和编辑。在当地度过的几天中，他当众解剖了一个脑积水患者的大脑，目睹全程的公众都对其解剖技术大为惊讶。在阿玛利亚·布里格姆（Amariah Brigham）的陪同下，他参观了哈特福德的精神病院（Retreat for the Insane），这是最大的私人精神病院之一。施普尔茨海姆在确立美国精神病专业的过程中发挥了巨大作用：他将所见所感全部记录下来，内容不仅涉及疗养院的病房，还包括在访

---

① 详见: 安东尼·沃尔什（Anthony A. Walsh），《施普尔茨海姆博士的美国之旅》，载于《医学史杂志》，1972，第 27 期，187—205 页；安东尼·沃尔什，《颅相学和 19 世纪 30 年代的波士顿医学界》，载于《医学史公报》，1976 年，第 50 期，261—273 页。

问聋哑人研究所和国家监狱时的经历。他洋洋洒洒写满了一整本笔记本，这足以表明他对拘留所和疗养院的浓厚兴趣[1]。这些都是他在美国慈善、救济和监控中心短暂行程中的丰富经历，类似于他和加尔在欧洲大陆旅行时，探访精神病患者、痴呆症患者和罪犯的所见所闻。

后来，施普尔茨海姆到了波士顿，一个以其知识和道德优越性为荣的城市。消息在报纸上一经刊登，有教养的世俗之人就表现出了他们的傲慢；人们群情激昂，施普尔茨海姆在短短几天内就获得了统治阶级的极大关注；许多报道者添油加醋，尽力描绘他的到来的特殊性。出版商纳哈姆·卡彭（Nahum Capen）自称是这位杰出外国人的秘书和知己，并为其画了一幅肖像，其中生动展现了一位"救赎使者"的形象。画中，施普尔茨海姆身材高大，体形匀称，呈现出一副活力满满、体格健壮的形象；他相貌出众，智力超群；他有一双机敏而透彻的眼睛，对人和事有着准确深刻的认识，似乎能轻松读懂他人的想法和感受[2]（图 2.14）。

---

① 详见：《施普尔茨海姆博士的传记》，载于《美国颅相学杂志和杂记》，1841 年，第 3 期，1—13 页。弗朗西斯·康德威医学图书馆（波士顿医学图书馆）中保存了一小批施普尔茨海姆的信件和手稿。

② 详见：哈姆·卡彭（Nahum Capen），《施普尔茨海姆博士和乔治·库姆的回忆，以及对从发现时期到库姆 1828 年访问美国的颅相学的回顾》，1881 年，11 页。

图 2.14：约翰·加斯帕尔·施普尔茨海姆肖像（1833 年）。

学校、教堂和公共机构的大门都向这个远道而来的人敞开。人们渴望了解他的思想，他的判断会影响到大众的观点。施普尔茨海姆不负众望。他受到了波士顿前市长约西亚·昆西（Josiah Quincey）总统的热烈欢迎，并被安排在哈佛大学讲课。他是如何在不知情的情况下，判定一名获无期徒刑的囚犯是惯犯的呢？他是如何在另一名囚犯没有显示出具有犯罪性质的颅骨特征的情况下，判定其犯有醉酒罪的呢？关于这一点，全市充满着各种令人惊奇的报道。施普尔茨海姆发表了其第一个关于教育的演讲，当时万人空巷，听众挤满了州议会的代表大厅。9月中旬，他举办了两轮受众更广的讲座，而其关于大脑解剖学的深奥课程则吸引了医学系和行业的上层人士。

日益难以承受的过度劳累，以及名声大振带来的疲惫感，在几个月内就消磨了施普尔茨海姆的精神。施普尔茨海姆本人对所有治疗方案都很抗拒，而治疗医师也无从下手。他高烧不退，最终于1832年11月10日逝世。他的死亡是无法挽回的损失。人们为其制作了一个半身像和一个头部石膏，其尸体在验尸后做了防腐处理。此后不久，人们又将其尸体挖出，把头骨、心脏和大脑分离，以宗教方式保存起来。在波士顿，所有的钟声一齐鸣响，伴着吟唱的颂歌和发表的演说，送葬队伍离开医学院，到达老南教堂，共有几千人参加了这一庄严的仪式（这种仪式也是社会对他价值的认可）。几年前从德国移民至当地哈佛大学的德国文学教授卡尔·福伦（Karl

Follen）在葬礼上指出，这位宾客（施普尔茨海姆）在下个月就快满五十六岁了，他的出现，只为帮助社区实现"思想和道德独立"，福伦为其英年早逝而感到异常悲痛。而后来，福伦也将因为他激进的废奴主义在 1835 年失去工作 [1]。

在举行葬礼仪式的当晚，一个颅相学会在波士顿成立，并立即得到马萨诸塞州议会的授权与许可，其目的是将新科学的发现应用于人类的身体、智力和道德状况检测。此外，当地政府还起草了一份章程，规定在 12 月 31 日，即施普尔茨海姆的诞辰日举行年度会议。成员名单包括贵族出身的公民。十年来，在 144 名成员中，四分之一是医生，十分之一是神职人员，其余是行政人员、商人、教师和艺术家。

《波士顿医学和外科杂志》的一位编辑指出："该协会及其原则，会让施普尔茨海姆感到高兴，他最著名的观点就是不希望任何人将颅相学作为教条，而不总是批判性地认识相关问题的定义。" [2] 1835 年，权威人士宣布为最佳反肾脏病学论文颁发一百美元的奖金，但由于缺乏竞争而未颁发，当时有人翻译了加尔的六卷著作，同时收集的石膏、头骨和图片也越来越多 [3]。

---

[1] 详见：卡尔·福伦（Karl Follen），《11 月 17 日在波士顿老南教堂举行的加斯帕尔·施普尔茨海姆的葬礼上向波士顿市民发表的演说》，波士顿：马什、卡彭和里昂公司，1832 年，28 页。

[2] 载于《波士顿医学和外科杂志》，1833 年，第 7 期，353 页。

[3] 该奖项的公告刊登于 1835 年第 2 期《颅相学年鉴》上。

施普尔茨海姆被波士顿的知名人士奉为圣徒，这是他漫长的北美传奇的开始。三年后，乔治·库姆决定重复他的导师在苏格兰的经历，他于 1838 年 9 月在纽约登陆进行宣传之旅。纳哈姆·卡彭欢迎库姆来到波士顿，并在共济会寺庙组织了一系列讲座。受过教育的人和有权势的人，再次从库姆那里学习到了在不违反道德戒律的情况下应该如何做人，尽管听众热情不高，呼声也更低沉。库姆的旅行一直持续到 1840 年 6 月，并涉及了新英格兰以外的许多城市。回来后，他的《笔记本》（*Notebook*）成了两卷本，有八百多页。

当时，波士顿的科学研究主要集中在东北地区，但在西部和南部也不乏研究人员。颅相学已经经历了一个转变过程，有记录显示，1835 年在纽约成立了一个颅相学会，尽管在某些地区存在反对的声音：少数附属机构在费城运作时遇到了困难，费城是 18 世纪的医学中心，也是本杰明·拉什（Benjamin Rush）"系统"思想的据点。然而，总的来说，在 19 世纪 30 年代，没有一所大学的教师未曾被颅脑人类学的观点所影响到。1829 年至 1844 年期间，《波士顿医学和外科杂志》有 55 次提及颅相学，在接下来的十年里有 6 次提及，1854 年后没再涉及。好像在这二百五十年中，一个寓言迅速成长，然后不可逆转地衰落。颅相学是一个思想和期望的综合体，其术语体系似乎非常有用，但最终还是从官方科学的地平线上消失了，可它并没有消解，而是向外扩散。当道德家、教育家、医生和哲学家研究它时，颅相学研究也逐渐影响到了范围更大的公众。随着石膏模型在受教育者中的声誉下降，人们对颅骨触诊的迷恋也在下降。大约从19世纪中叶开始，人们经常谩骂江湖骗子，利用俗人的轻信以"读心术"牟利。

人们担心科学会渗透到大众的知识库中，以此逃避少数人的审慎管理。科学能够完善教学或政治实践，但它也会不加区别地给每个人进入自己或他人灵魂的钥匙。有人重复强调，科学的信徒（好的信徒）检查头颅不是出于单纯的好奇心或利益，而是为了发现、调节大脑发育和行为之间的关系。当某种研究似乎开始向巫术偏移时，被赶出科学领域也是不可避免的下场。早在1839年，乔治·库姆就在波士顿颅相学会的一次演讲中说，他在各处都能看到"实用的"颅相学家、卑微的贩卖者；但他也责备他的听众忽视了自己的任务，为后来被痛斥的理论的兴起留下了空间[1]。除了这些，商品的生产和消费，无论是象征性的还是物质性的，逐渐引起了女性客户的兴趣，她们在学术界之外，用这些商品来肯定或改变性别角色[2]。

---

[1] 详见：乔治·库姆（George Combe），《1839年12月31日在施普尔茨海姆诞辰和波士顿颅相学会组织周年庆典上的讲话》，波士顿，1840年，5—8页。
[2] 详见：卡拉·比特尔（Carla Bittel），《女人，认识你自己：19世纪的美国生产和脑科学知识的运用》，载于《半人马》，2013年，第55期，104—130页。

图 2.15：福勒和威尔斯博物馆。原画载于《纽约画报》，1860 年 2 月 18 日。

在离纪念和埋葬施普尔茨海姆的小镇不远的地方，阿默斯特学院于 1833 年举行了一场关于颅相学的科学性的辩论。有两位二十出头的学生，是狂热的皈依者：未来的一神论牧师亨利·沃德·比彻（Henry Ward Beecher）本应支持起诉，但当他了解到事情的真相后，他被迷住了，并说服了他的朋友奥森·斯奎尔·福勒（Orson Squire Fowler）。福勒是一个拓荒者的儿子，刚刚离开了他在纽约州的家人，并试图与他的兄弟洛伦佐·奈尔斯（Lorenzo Niles）一起为教会的事业做准备。他对颅相学的认识改变了他的观念和生活选择。1835 年，在向他们的大学朋友宣传了此理论后，二人在费城开了第一家店，这是咨询处、出版社、仓库和博物馆，在那里可以直接购买或通过邮件订购一系列复制的展品。在收取固定费用的情况下，他们阅读人们头上的"信息"，并给顾客一张评分表，在 1 到 7 的范围内对每个能力进行评分。他们通过给福勒家寄去质量极好的、四分之三的银版照相机照片（达格雷照相机），来获得详细的颅骨诊断。该事业的成功，很快促使企业中心迁往纽约，当时这一业务正处于快速增长期。从 1843 年开始，塞缪尔·威尔斯（Samuel R. Wells）成为其合伙人，行业的规模和野心都在扩大（图2.15）。

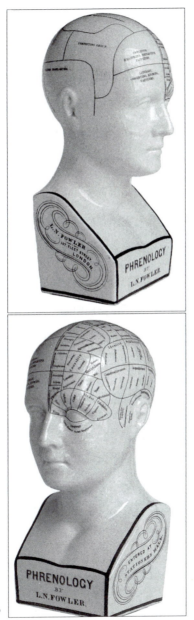

图 2.16：
颅相学半身像。

　　然而，企业的固定业务只是一个部分。福勒夫妇在美国市场上推出了流动颅相师的相关服务。这是一个不寻常的、有利可图的职业，吸引了一批具有流浪和传教士气质的皈依者，他们愿意在不断扩张的国家领土上奔波，并为获得报酬而揭示人是什么、能成为什么以及应该成为什么。在会议期间，旁观者首先会听到一场内容丰富的布道，然后观看实际的示范。甚至在颅相师使用他们的手之前，就能够先展示如何从视觉上评估头骨的形状和大小，如何估计各个器官之间的距离，并检查个别区域。对头颅的分析伴随着令人回味的语言，旨在引起颅相学家和旁观者的惊叹。

　　1863 年，两位福勒兄弟中较年轻的洛伦佐·奈尔斯搬到了伦敦，并在那里建立了公司的分支机构。后来，马克·吐温（Mark Twain）也去了那里，他在自传中记述了这段历史，并颇为自得其乐。马克·吐温第一次就诊时，他用了假名，颅相学家认为他的大脑上有凹陷。三个月后，他以自己的真实身份又接受了探测，同一只手惊讶地发现，在他的头上有一座"珠穆朗玛峰"，是迄今所见的最大的凸起。不过，这则逸事可能源于马克·吐温的机智与幽默，他的作品显然受到了颅相学的影响①（图 2.16）。

　　颅相学的艰苦日子持续了很长一段时间，直到 20 世纪头几十

---

① 详见：查尔斯·奈德（Charles Neider），《马克·吐温自传》，纽约：哈珀兄弟，1959 年，63—66 页。艾伦·格里本（Alan Gribben），《马克·吐温、颅相学和"气质"：关于伪科学影响的研究》，载于《美国季刊》，1972 年，第 24 期，45—68 页。

年，一个产业在"科学"颅相学的灰烬上建立起来了。颅相学当时很有市场，作为发明家、教育家、商人进行活动的福勒家族，为农村和发展中城市地区的休闲时间提供了一个受欢迎的活动。但他们不仅阅读人的性格，还教人们如何耕种、烹饪、制作日常用品，并就如何结婚、如何生养孩子、如何治病给出建议，而所有这些都是所谓的"大脑知识"。福勒公司还扮演着"就业办公室"的角色，其能力测试可用于招聘人员。福勒的全面教育也扩展到了性行为方面，并颁布了行为规则："科学地爱"教导人们以正确的方式使用与爱相关的能量，并劝阻遗传学上危险的婚姻。纽约办事处还设有反烟草协会、节制联盟和素食团体的总部。妇女的胸衣阻碍了血液循环，压迫了肌肉，并引起了各种疾病，因此福勒夫妇发展了反系带协会，以彻底改变服装。而且他们的活动，也不只是改变了女性服装。

从 1838 年到 1911 年的七十多年里，在"美国颅相学杂志和杂记"的专栏中，出现了对普遍卫生问题的紧张情绪[1]。鉴于"形式服从功能"这一生理学原则的普遍价值，当时出现了建造"公民之家"的计划。这种建筑是八角形的（它最接近球体的完美性），还采用了特殊的建筑材料。1850 年至 1860 年间，按照奥森·福勒规定的标准，在哈德逊河谷沿线、新英格兰和中西部地区，最远至

---

① 详见：玛德琳·斯特恩（Madeleine B. Stern），《头部与标题：富勒的头颅学》，诺曼：俄克拉荷马大学出版社，1971 年。

加利福尼亚，建造了一千座建筑 [1]（图 2.17）。比起其他案例，美国的案例表明，通过迁移和适应特殊的气候，盖尔最初的颅骨测量仪对自然规律有很高的解释性和应用性，而通过遵守这些规律，人类生活的条件也会变得更好。

---

[1] 详见：奥森·斯奎尔·福勒（Orson Squire Fowler），《福勒全集》（又名《一种新的、廉价、方便和优越的建筑方式》），纽约：福勒斯和威尔斯，1848 年。

图 2.17：奥森·斯奎尔·福勒的八角形住宅。

第三章

当代性的碎片

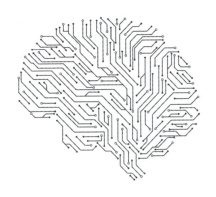

1. 一些调查方向

在颅相学作为一种学说和运动进入高峰期时，托马斯·莱科克（Thomas Laycock）在伦敦大学学院学习医学，随后，他在巴黎和哥廷根接受了若干年的培训，并成为一名医生。他与托马斯·里德（Thomas Reid）和乔治·库姆的通信于 1845 年在《柳叶刀》（Lancet）上发表[①]。 大脑是一个综合器官，这一观点说服了年轻的莱科克，尽管他对颅相学家列出的越来越多的能力和解剖学部位清单仍有疑问。1859 年，他为《大英百科全书》第八版写了一篇长篇大论的《颅相学》[②]。而他的主要作品则以持续进化法则为指

① 乔治·库姆先生、托马斯·里德教授和托马斯·莱科克博士之间的通信，以及库姆先生、里德教授和莱科克博士关于大脑反射解剖学和生理学的通信，载于《柳叶刀》，1845 年。

② 详见: 托马斯·莱科克（Thomas Laycock），《颅相学》，载于《大英百科全书》第八版，爱丁堡: 内皮尔，1859 年，第 17 册，556—567 页。

导原则，在当时也即将出版。根据他的研究，随着动物等级的提高，随着组织的逐步分化，本能似乎失去了地位，让位于新兴的心灵及其组成部分。通过艺术和科学，这部作品展现了动物的纯粹本能和低等生物中存在的简单生命过程，人类处于这一发展的最高阶段。然而，不同层次需求之间可能会出现冲突：人的认知能力应当制约、控制身体食欲和本能（尽管它们对个人的保养和健康有益），但前者并不总是能成功地有效地驾驭后者[①]。十年后，在《心灵与大脑》（*Mind and Brain*）第二版中，莱科克提出了"倒退"（或演变）法则。人们认为，该法则只在不完善、退化、疾病和死亡等现象中起作用[②]。

　　随后，一个关于神经系统功能的分层进化模型被构建出来，并很快被其他贡献赋予活力。1855 年，《心理学原理》（*Principles of Psychology*）并未实现其作者赫伯特·斯宾塞（Herbert Spencer）的理想——他曾希望它的重要性能够与牛顿的《原理》（*Principia*）并列[③]。经过扩充和修改（两册书总共超过一千三百

---

① 详见：托马斯·莱科克（Thomas Laycock），《心灵与大脑：意识与组织的关系，及其在哲学、动物学、生理学、精神病理学和医学实践中的应用》，爱丁堡：萨瑟兰和诺克斯，1859 年，第 2 册，61 页，197—198 页。

② 详见：托马斯·莱科克（Thomas Laycock），《心灵与大脑：意识与组织的关系，及其在哲学、动物学、生理学、精神病理学和医学实践中的应用》第二版，伦敦，1869 年，第 1 册。

③ 详见：大卫·邓肯（David Duncan），《赫伯特·斯宾塞的生活和书信》，伦敦：梅休恩公司。

页），1870 年的第二版引起更大的反响，达尔文理论的出现与兴盛，决定了新的研究动向。第一卷中的一章包含两个重要图像，显示了神经系统结构的复杂性。在第一种情况下，斯宾塞解释道，从 A 区长出一个突起 A' 是合理的。在第二种情况下，他想通过新的神经丛 d、e、f 和 g 的夹层来显示上层协调中心的扩张。尽管只是一种大胆推测（未曾经过实验室和临床验证），斯宾塞所设想的可视化图示，仍然构成了一种理解神经组织生长的原型 [①]（图 3.1a 和 3.1b）。次年，查尔斯·达尔文（Charles Darwin）履行了其在 1859 年给出的著名承诺，即"阐明"人类的起源和历史，让对人类的研究在解剖学上也拥有与其他哺乳动物研究相同的一般体系（包括大脑）。

---

① 详见：赫伯特·斯宾塞（Herbert Spencer），《心理学原理》，伦敦：威廉姆斯和诺盖特，1870 年，第 1 册，542—558 页。

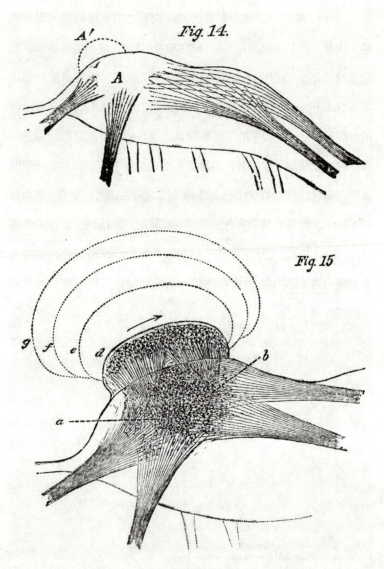

图 3.1a 和 3.1b：神经系统中结构的生长。见于赫伯特·斯宾塞（Herbert Spencer），《心理学原理》，伦敦，1870 年，第 1 册，546 页、552 页。

　　总之，人类大脑的思想会以更原始的形式发展，而它相对于身体占比例很大，这是因为人类这一物种有特殊的精神力量。尽管达尔文坦白承认他自己缺少对最重要器官的结构和功能的知识，但这并不妨碍达尔文对它们在进化中的作用提出质疑和假设[1]。达尔文的追随者托马斯·亨利·赫胥黎（Thomas H. Huxley）生性喜好批判，自 1860 年以来，他与解剖学家理查德·欧文（Richard Owen）展开了长期论战，后者将所谓的小海马（或称"禽距"Calcar avis）的存在作为人类特有的大脑特征。在激进的反进化论的驱使下，欧文还多次试图记录大猩猩的大脑与人类的区别，而非大猩猩与四肢动物的大脑的区别[2]。赫胥黎通过解剖猴子的大脑来挑战上述论点，并在各种公开场合对其进行了批判。他于 1863 年将演讲稿汇编成了一本书，这本书大获成功，它否认了人类和拟人化的灵长类动物之间的任何"大脑障碍"[3]（图 3.2）。

[1] 详见：查尔斯·达尔文（Charles Darwin），《人类的由来及性选择》，伦敦：约翰·默里，1871 年。
[2] 理查德·欧文曾多次谈及这一话题。详见：《论类人猿及其与人类的关系》，载于《英国皇家学会论文集》，1855 年，第 2 期，26—41 页。
[3] 详见：托马斯·亨利·赫胥黎，《人类在自然界中的位置》，伦敦：威廉姆斯和诺盖特，1863 年。

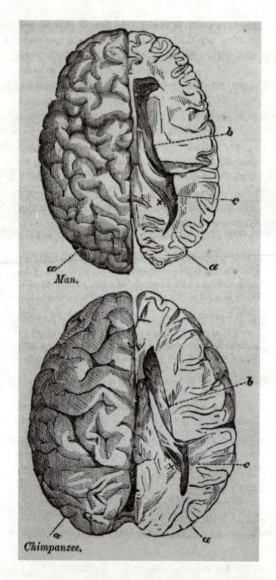

图 3.2：人类和黑猩猩的大脑半球的比较。见于托马斯·亨利·赫胥黎（Thomas H. Huxley），《人类在自然界中的位置》，伦敦：威廉姆斯和诺盖特，1863 年，121 页。

19世纪前几十年,研究最丰硕、变革最多的阶段之一已经开始。在短短半个世纪的时间里,一场论战正在进行着——人们尝试以越来越有条理和高效的方式来解释中枢神经系统的形态和生理特征。1811年至1822年间,人们发现,连接神经和脊髓的神经根之间存在着功能上的差距:苏格兰人查尔斯·贝尔(Charles Bell)和法国人弗朗索瓦·马让迪(François Magendie)表示,前部(或腹侧)的神经是运动神经,而后部(或背侧)的神经起着感觉作用[①]。参与论战的人数实在太多,在此无法给出一份详尽的名单,因此后文我们只提及主要的调查方向。

第一场论战是关于比较解剖学的。在动物和人类研究方面,弗里德里希·蒂德曼(Friedrich Tiedemann)曾师从维尔茨堡的哲学家谢林和巴黎的居维叶。他检查了不同发育阶段的胎儿大脑,并于1816年阐释了脑回的胚胎学,脑回的最大缠结点最早在人类身上发现。后来理查德·欧文也做了同样的脑回复杂性升序排列研究[②]。因此,引用前文提及过的"盖伦的驴子"来支持一个古老

[①] 详见:查尔斯·贝尔(Charles Bell),《基于好友观察的,关于脑部新解剖学的想法》,伦敦:斯特拉恩和普雷斯顿,1811年。弗朗索瓦·马让迪(François Magendie),《脊柱神经根功能的实验》,载于《实验和病理生理学杂志》,1822年,第2期,276—279页、366—371页。

[②] 详见:弗里德里希·蒂德曼(Friedrich Tiedemann),《人类胎儿大脑形成的解剖学和历史》,纽伦堡:斯坦尼申书店,1816年;理查德·欧文(Richard Owen),《猎豹、雅布赖猫和"属"的解剖学研究》,载于《伦敦动物学会期刊》,1835年。

而谬误的理论，将不再具有可操作性。在这方面，最突出的贡献来自两位法国解剖学家。1839 年，在弗朗索瓦·勒雷特（François Leuret）逝世后，由其学生路易·皮埃尔·格拉提奥莱（Louis Pierre Gratiolet）完成的作品的第一册出版，第二册于 1857 年出版。他对 104 种哺乳动物进行了检查，并按其脑回的复杂性以递增顺序排列，与智力的增长相对应。格拉提奥莱已经负责编写了关于人类和灵长类动物大脑褶皱的重要文献集，这些文献提供了非常精准的图像，并在大脑皮层的各个区域应用了新的命名法[①]（图3.3）。同年，解剖学家埃米尔·胡斯克（Emil Huschke）在耶拿出版了一本书，书名为《头骨、大脑和灵魂》（Seele）。书中，大脑被定义为一种电气装置，并首次出现了基于俯视图观察大脑半球照片的石版画[②]。最后，在 1866 年，苏格兰人约瑟夫·马洛德·威廉·透纳（Joseph Mallord William Turner）丰富了格拉提奥莱提供的图像：当时已经是达尔文时代，透纳指出，男性、欧洲人和聪明人会比女性、野蛮人和精神病患者拥有更复杂的大脑皮层[③]。

---

① 详见：弗朗索瓦·勒雷特（François Leuret）、路易·皮埃尔·格拉提奥莱（Louis Pierre Gratiolet），《在思考与智力的关系中的神经系统比较解剖学》，巴黎：巴里耶尔，1839—1857 年；路易·皮埃尔·格拉提奥莱，《关于人类和灵长类动物的脑褶的文献集》，巴黎：伯特兰，1854 年。

② 详见：埃米尔·胡施克（Emil Huschke），《按年龄、性别和种族划分的人和动物的头骨、大脑和灵魂》，耶拿：莫克，1854 年。

③ 详见：约瑟夫·马洛德·威廉·透纳（Joseph Mallord William Turner），《人类大脑的脑回处的图像思考》，爱丁堡：麦克拉克伦和斯图尔特，1866 年。

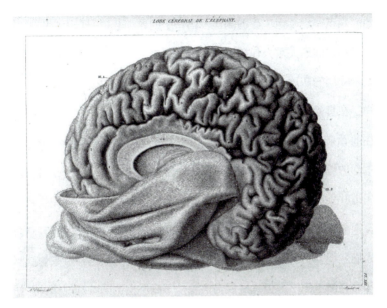

图 3.3：大象的脑室。见于：弗朗索瓦·勒雷特、皮埃尔·格拉提奥莱，《在思考与智力的关系中的神经系统比较解剖学》，巴黎：巴里耶尔，1839—1857 年，第 2 册。

因此，在 19 世纪下半叶，科学和偏见重叠、交织在一起，即使是在面对脑回问题的时候，也难逃这一桎梏。格拉提奥莱对不同种族的额叶（高加索人）、顶叶（蒙古人）和枕叶（埃塞俄比亚人）做了区分，将形式的多样性归因于大脑三叶的相对大小，从而划分人的尊严等级，并含蓄地将它们分到不同的功能组[1]。格拉提奥莱在 1861 年得到了保罗·布罗卡（Paul Broca）的回复，在信中，

---

[1] 详见：弗朗索瓦·勒雷特、路易·皮埃尔·格拉提奥莱，《在思考与智力的关系中的神经系统比较解剖学》，巴黎：巴里耶尔，1839—1857 年，第 2 册，297—300 页。

他的观点得到了更广泛的阐述。第一个问题涉及智力与大脑的重量或体积之间的关系，包括个人和种族。由于思考的大脑可能仅限于大脑皮层的灰质，布罗卡指出，他确信，在猴子中就像在人类中一样，在其他条件相同的情况下，有褶皱（plissés）的大脑更聪明。在他看来，有一点似乎无可辩驳：1817年，在因居维叶而成名的"霍屯都的维纳斯"[①]中，脑回的扭曲程度比高加索人要小。或者，与居维叶相比，在一个白痴身上，他的大脑在解剖时显示为波纹状，其重量高于平均值（图3.4a和3.4b）。通过比较解剖学的最新发展，人们发现，将脑回理解为不规则和随机褶皱的时代已经过去。脑回虽然表面上无序，但其发展仍然服从于尚待挖掘的特殊规律：正如布罗卡所说，"随机性"就像是一个守着通道的神，随着知识的进步，这个"神"也会退却[②]。

---

① 详见：乔治·居维尔（Georges Cuvier），《对一个在伦敦和巴黎以霍屯都的维纳斯为名的妇女尸体的观察摘录》，载于《自然历史博物馆文献集》，1817年，259—274页。
② 详见：保罗·布罗卡（Paul Broca），《关于不同个体和种族的大脑体积和形状》，巴黎：亨纽尔印刷公司，1861年，60—61页。

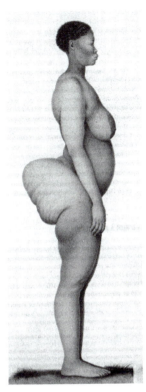
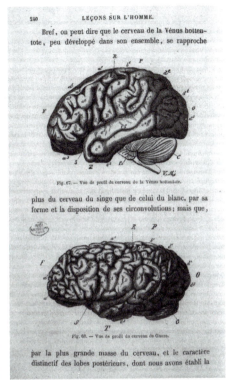

图 3.4a：（左）霍屯都的维纳斯，侧视图。
图 3.4b：（右）霍屯都的维纳斯的大脑与数学家高斯的大脑
的比较。

在比较解剖学之后，第二个方向是解剖学临床研究。在颅相学
仍旧存在的背景下，1825 年，让-巴蒂斯特·布约（Jean Baptiste
Bouillaud），一名刚毕业的科钦医院的医生，首次提出前叶包含
语言中心的假说。然而，到了 1861 年，在巴黎解剖学会的一次讨
论中，保罗·布罗卡根据对一个患有特殊病变缺血症的病人的死后

观察，认为发音能力位于左额第三围。二十年来，比塞特医院的巴黎工匠维克多·勒博涅（Victor Leborgne）只能发出"tan tan"这两个音节的声音。根据他的案例研究显示，人类的说话能力取决于大脑皮层的完整性（图 3.5）。这一最初的发现后来被其他临床病例所证实，又催生了新的发现①。然而，并不是所有的语言障碍都由布罗卡区的损害造成。

1873 年，布雷斯劳医院的助手，年轻的神经精神病学家卡尔·韦尼克（Carl Wernicke）治疗了一位病人。中风后，尽管他的听力完好无损，但他几乎无法理解口语或书面语，而且说起话来糊里糊涂。尸检显示，其左半球颞顶区有病变。根据韦尼克的说法，该区域与布洛卡区相连。一年后，他出版了一本书，该书涉及与失语症有关的复杂症状。后来，这一症状被称为感知缺失或流畅度下降的失语症②。

---

① 让-巴蒂斯特·布约（Jean Baptiste Bouillaud）的临床调查表明，语言的丧失与大脑前叶的病变相对应，并佐证加尔先生关于有声语言所在地的观点，载于《医学综合档案》，1825 年，8 期，25—45 页。保罗·布罗卡，《对有声语言的所在地进行研究，以及对失语症进行观察》，载于《巴黎解剖学会公报》，1861 年，第 36 期，49—72 页。弗朗西斯·席勒（Francis Schiller）和保罗·布罗卡所著的传记《法国人类学创始人：大脑的探索者》，纽约-牛津：牛津大学出版社，1992 年。
② 详见：卡尔·韦尼克（Carl Wernicke），《失语症症状综合征：在解剖学基础上的心理学研究》，布雷斯劳：马克斯·科恩和魏格特，1874 年。

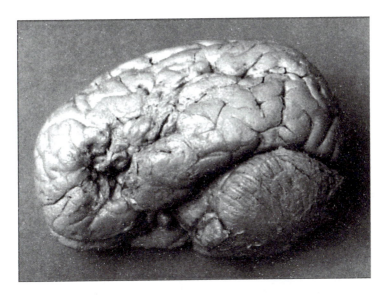

图 3.5: 维克多·勒博涅的大脑: 突出显示左额叶的病变。
藏于巴黎杜普埃特伦博物馆。

　　布罗卡描述的大多数临床病例，不仅证明了脑损伤和语言丧失
之间的恒定关系，而且总是涉及大脑左半球。他深信，左额叶在发
育过程中比右额叶生长得更快一些，他对这种差异做了如下解释:
在儿童时期，当人们必须掌握复杂的手工和智力技能时，人们会用
一半的大脑学习说话，就像用右手学习写字一样。由于存在这种认
为大脑不对称的观点，一种"双重"大脑的印象得到传播: 左半球
主管"逻辑—理性"，而右半球则更原始，是模糊的心理生理过程
的所在地。大脑分布在两侧的观点，将远远超出临床神经学的研究
范围，甚至促进了一系列 19 世纪末典型的、反映心理活动的反义

词的产生：智力与激情、理性与疯狂、男性与女性、文明与野蛮，等等。即使在 20 世纪，这两个半球仍将继续与一系列对立的品质或功能相联系[①]。

第三个，同时也是最后一个研究方向，它既具实验性，又具生理性。居维叶的得意门生皮埃尔·弗罗伦斯（Pierre Flourens），是加尔最强劲的对手之一，他的研究使得 19 世纪 40 年代之后，颅相学研究走向衰落。他系统性切除并折磨了大量的鸟类和哺乳动物，并表明，从功能角度来看，神经系统中大脑半球必须与小脑和延髓明确区分开。如果大脑半球的功能被破坏，感知、智力和意志就会被消除，但其运动能力不受影响；如果小脑被破坏，运动平衡就会受到干扰，而智力则不受影响；如果延髓被破坏，呼吸就会停止，人就会立即死亡。正因为弗罗伦斯对众多鸽子、鸡和狗进行试验，切除了它们神经系统的某些部分，他才在皮层水平上找到了某些高

---

① 详见：安妮·哈灵顿（Anne Harrington），《医学、心灵和双脑》，普林斯顿：普林斯顿大学出版社，1987 年。卡梅拉·莫拉比托（Carmela Morabito）列出了不同作者分配给大脑半球的"功能极性"表：《大脑中的思想：认知神经心理学的历史概况》，巴里：拉特萨，2004 年，110 页。这一步也导致了"双心灵"概念的出现，其假设的前提条件为，右半球最初是由"神的声音"在统治，详见：朱利安·杰恩斯（Julian Jaynes），《意识的起源于二元思维的崩溃》，波士顿：霍顿米夫林公司，1976 年。实际上，在布罗卡的发现之前，大脑的双重性理论已经在各处显露，并在颅相学家的作品中呈现出来，甚至出现在一部巨著中，书名概括了作者（布莱顿的一名医生）所证明的理论，其中有大量的临床案例、解剖学观察和逸事，详见：阿瑟·维根（Arthur L. Wigan），《通过大脑的结构、功能和疾病以及精神错乱的现象来证明心灵的双重性，并证明其对道德责任的重要性》，伦敦：朗文、布朗、格林和朗文，1844 年。

级功能的来源，正如他于 1822 年和 1823 年间，在科学院宣读的一系列文献集（不久后便出版成册）中所宣称的那样[1]。他实现了研究目的，但他的研究方式完全不同于当时仍然非常时兴的方式，即加尔的追随者们所提倡的那种研究。1842 年，他在献给笛卡尔的《颅相学回顾》（*Examen de la phrénologie*）中驳斥了将大脑结构视为马赛克结构，并认为它由灵魂的不同倾向所覆盖的观点，他相信大脑皮层是作为一个完美的集合和平衡的整体运作的[2]。

通过切除部分碎片，对脑部进行手术，罗兰多和弗劳伦斯得到了实验结果。几十年后，通过对大脑皮层进行电刺激（事实证明，大脑会因此产生兴奋感受），爱德华·希茨格（Eduard Hitzig）和古斯塔夫·西奥多·弗里奇（Gustav Theodor Fritsch）在小狗身上发现，无论麻醉与否，肌肉的弯曲和收缩都取决于不同的大脑皮质中心。事实上，作为一名临床医生，希茨格已经在神经系统疾病患者身上进行了电疗，并报告了其应用效果。据传闻，在两位年轻医生工作时，柏林大学没有空余房间，因此一开始他们将希茨格妻子的化妆室作为临时实验室进行实验。1870 年，这一发现的报告一经发表，便引起了极大轰动，以至于衍生出了一连串其他涉及潜在

---

[1] 详见：皮埃尔·弗罗伦斯（Pierre Flourens），《对脊椎动物神经系统的特性和功能的实验研究》，巴黎：克雷沃特，1924 年。关于皮埃尔·弗罗伦斯，详见：罗伯特·杨（Robert M. Young），《19 世纪的心灵、大脑及理论调整：从加尔到大卫·费里尔的大脑定位及其生物学背景》，牛津：牛津大学出版社，1990 年，55—75 页。

[2] 详见：皮埃尔·弗罗伦斯，《颅相学回顾》，巴黎：保林，1842 年。

感觉或认知领域的研究项目^①（图 3.6）。

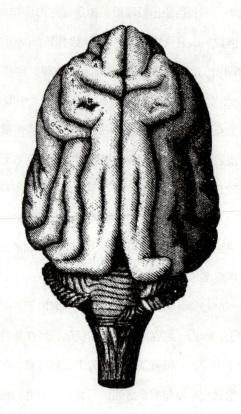

图 3.6：狗大脑皮层上的运动中心。古斯塔夫·西奥多·弗
里奇（Gustav Theodor Fritsch），爱德华·希茨格（Eduard
Hitzig），《关于大脑的电刺激性》，载于《解剖学和生理
学及科学医学档案》，1870 年，313 页。

---

① 详见：古斯塔夫·西奥多·弗里奇、爱德华·希茨格，《关于大脑的电刺激
性》，载于《解剖学和生理学及科学医学档案》，1870 年，300—332 页。迈克尔·哈
格纳（Michael Hagner），《大脑的电刺激性：走向实验的出现》，载于《神经科
学史期刊》，2012 年，第 21 期，237—249 页。

在研究这一问题的人中，有个苏格兰人，名叫大卫·费里尔（David Ferrier）。在转而学医之前，他曾在爱丁堡跟随哲学家亚历山大·贝恩（Alexander Bain）学习，并在伦敦国王学院取得了优异的成绩。他的看法和希茨格一样，在他看来，实验的起源和目的是出于临床需要。费里尔用法拉第电流取代了普通电流，法拉第电流持续时间较长，主要应用于哺乳动物的大脑实验，特别是猕猴实验，因为它们的进化过程与人类接近，所以被选为"小白鼠"。基于一系列哲学假设的指导，他成功地将功能定位在了不同的皮质区域。费里尔从约翰·休林斯·杰克逊（John Hughlings Jackson）的神经生理学理论中获得了灵感，并于 1878 年与杰克逊合力创办《大脑》（Brain）杂志，这是第一份专门研究神经系统和大脑与心灵之间关系的期刊。杰克逊报告说，根据他的临床经验，该系统中有三个形态和功能层次，并在本体发育过程中自下而上地成长。首先是脊髓和基底神经节，然后是与大脑皮层相连的传入和传出束，最后是大脑皮层，即真正的"心灵器官"。随着我们从低级到高级的进展，这一系统越来越复杂，其可塑和自主的功能逐渐被激活。与这一进化过程相反，杰克逊把精神疾病理解为一个解体的过程，高级中心逐渐退化，低级中心扩张并取代它[1]。

通过实验，费里尔进行了分离解剖，从而在 1876 年画出了一

---

[1] 关于神经系统的演化/解体，详见：约翰·休林斯·杰克逊（John Hughlings Jackson），《著作选集》，伦敦：霍德和斯托顿，1932 年，第 2 册。

幅完整的大脑皮层地图，其中，运动和感觉区域非常突出（图3.7）。
他还证明，视觉区属于枕角形，而听觉和嗅觉中心则在颞鼻环形区。
额叶的切除似乎不会引起感觉、运动器官的反应：接受过这类重大
手术的动物仍然有食欲，可以继续吃喝。人们已经注意到，额叶发
育有限的白痴或额叶有病变的痴呆患者，其注意力和思维能力都不
完善。人们还知道，这个脑区在低等动物中会萎缩并逐渐退化，而
在最有智力天赋的人身上则会扩展到最大规模。费里尔从生理学的
角度推导出了一些重要结论。他以此证明，那些将高级能力定位在
额叶的颅相学家是正确的①。然而，问题没能顺利解决：例如，将
视知觉的所在地定位于顶叶后皮层的角回的决定引发了长期争论。

---

① 详见：大卫·费里尔（David Ferrier），《大脑的功能》，伦敦：史密斯、埃
尔德公司，1876年；卡梅拉·莫拉比托（Carmela Morabito），《大脑的制图：大卫·费
里尔作品中介于生理学、心理学和哲学之间的大脑定位问题》，米兰：弗朗哥·安
杰利，1996年。

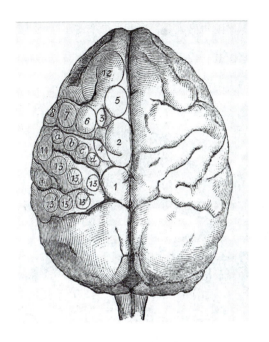

图 3.7：猴子大脑皮层中负责各种类型运动的中心。大卫·费里尔，《大脑的功能》，伦敦：史密斯、埃尔德公司，1876年，142 页。

因此，到了 19 世纪末，大脑皮层已经经历了全面的蜕变，它从缄默不语的肠形结构，变成了充满丰富可破译符号的图式。在大脑研究上，观察和实验越来越多，而到了 20 世纪，人们将进一步从不同角度，运用不同类型的仪器来阐释它们。细胞结构学也将揭示细胞结构和组成是如何在不同的区域发生明显变化的，从而丰富功能特异性的理论。根据科比尼安·布洛德曼（Korbinian Brodmann）的说法，他在研究多年后于 1909 年对大脑皮层进行了描述，从组织学的角度来看，有五十二个皮质区域是可区分的。大脑皮层的丰富图式，代表了这一世纪的尾声，而新的定位模型也将渐渐呈现在世人眼前。[1]（图 3.8）

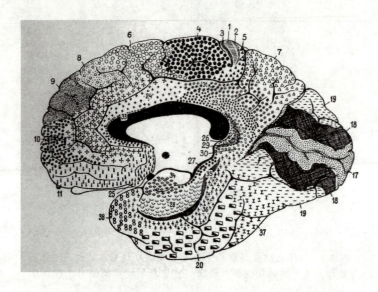

图 3.8：人类大脑半球内侧表面的不同皮质区域图。科比尼安·布洛德曼（Korbinian Brodmann），《大脑皮层的比较定位理论在细胞结构基础上提出的原理》，莱比锡：巴特，1909 年，131 页。

---

① 详见：科比尼安·布洛德曼，《大脑皮层的比较定位理论在细胞结构基础上提出的原理》，莱比锡：巴特，1909 年。

2. "皮质小人"

对生命物质的看法本身在 19 世纪已经整体发生了变化。在那之前，人们认为它是一种湿黏液，具有生命力，其生命特征有不同的表现形式，从它可变的凝固状态里会产生复杂和有区别的结构。从 20 世纪头几十年开始，新型的显微镜纠正了一直以来困扰着研究者的显微镜的色差，人们开始注意到植物和动物组织中均匀的球形存在。由于出现了不同的理论视角，在这些"球状物"中，构成所有活体组织的多种细胞开始被识别出来。事实证明，神经系统的细胞由于其特殊性而最难研究。然而，早在 1837 年在布拉格举行的自然科学家和医生会议上，捷克解剖学家扬·伊万杰利斯塔·浦肯野（Jan Evangelista Purkinje）在其报告中称，他发现梨形的"神经节"细胞沿着小脑皮层的中间层以规则的方式存在。后来这一细胞以他的名字命名[1]。

帕维亚大学有着悠久的显微镜研究传统。1873 年，30 岁的卡米洛·高尔基（Camillo Golgi）已经是切萨雷·隆布罗索（Cesare Lombroso）在精神病院的助手。他设计了一种被称为"黑色反应"的技术，能够使神经细胞的精细结构具有可见性和可调查性[2]。一段时间之后，其他组织学家用高尔基的方法获得了类似的结果，他们对其创新能力大为赞赏。马德里的组织学家圣地亚哥·拉蒙·卡哈尔（Santiago Ramón y Cajal）通过在欧洲宣传其研究成果，使之更加完善，并迅速获得成功。（图 3.9）高尔基被迫宣传黑色反应的优越性，并用他自己的网状概念（即大脑是一个弥散的神经网络）对抗他憎恶的西班牙同行的概念（他们认为神经细胞是独立细胞）。1906 年，卡哈尔与高尔基的冲突在斯德哥尔摩达到了高潮，在共同获得诺贝尔奖的仪式上，高尔基攻击了对方的神经元理论，加剧了双方争论。同年，一本大卫·费里尔的演讲集得到出版。其中，查尔斯·谢林顿（Charles S. Sherrington）假设，神经系统的兴奋和抑制现象，产生于一种神经间系统的作用，他在 1897 年已

---

[1] 关于这一发现，详见：《关于 1837 年 9 月在布拉格举行的德国自然科学家和医生大会的报告》，布拉格：Haase Söhne，177—180 页；亨利·维茨（Henry R. Viets）、菲尔丁·加里森（Fielding Hudson Garrison），《浦肯野对小脑中梨形细胞的最初描述》，载于《医学史公报》，1940 年，第 8 期，1397—1398 页。

[2] 详见：卡米洛·高尔基（Camillo Golgi），《论神经系统中心器官的精细解剖学》，米兰：霍普利，1886 年；保罗·马扎雷洛（Paolo Mazzarello），《隐蔽的结构：卡米洛·高尔基的一生》，博洛尼亚：西萨尔皮诺，1996 年。

经将其命名为突触。而在几十年后，通过借助电子显微镜，人们才认识到它真正存在 [①]。

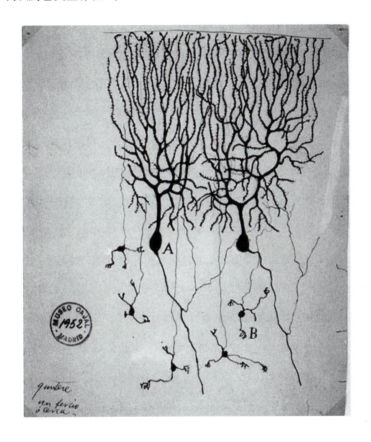

图 3.9：浦肯野的小脑细胞图，藏于马德里的卡亚尔博物馆。

---

① 详见：查尔斯·谢林顿（Charles S. Sherrington），《神经系统的综合作用》，纽黑文：耶鲁大学出版社，1906 年；约翰·埃克尔斯（John C. Eccles）、威廉·吉布森（William G. Gibson），《谢灵顿的生活和思想》，柏林：斯普林格，1979 年。

大脑简史

在 20 世纪初，许多问题仍未得到解答：外部和内部世界的刺激如何在神经中枢发展出新的刺激；刺激如何固定和积累，如何保持潜伏状态并在某些条件下重新出现，使自我有其他心理行为；有的人与这些神经刺激有怎样的紧密联系，甚至能够传给他们的后人。这是意大利卫生学乌托邦的主要推动者之一路易吉·帕利亚尼（Luigi Pagliani）在都灵大学 1908—1909 学年的开学典礼上的发言 [①]。他师承荷兰唯物主义生理学家雅各布·莫尔肖特（Jacob Moleschott），在意大利统一后被德桑蒂斯（De Sanctis）部长召去教书，曾与安吉洛·莫索（Angelo Mosso）合作，后者也曾在同一所学校受训。

帕利亚尼选择将卫生学作为其研究和实践领域，而莫索则致力于生理学，并在国外接受培训。卡尔·路德维希（Carl Ludwig）则在莱比锡的实验室进行研究，该实验室吸引了来自欧洲各地的许多年轻研究人员。此外，他还曾在巴黎的艾蒂安-朱尔·马雷（Étienne-Jules Marey）学校研习，在那里，他学会了使用图形法。回到都灵后，他开展了密集的实验活动，试图以各种方式测量大脑活动，包括使用他自己发明的仪器之一——胸膜仪，该仪器能够记录肢体体积与血流量的缓慢变化，以及后者随情绪和思想变化的变

[①] 详见：路易吉·帕利亚尼（Luigi Pagliani），《当下对大脑的认识与智力文化和体育教育的关系：在 1908—1909 学年的开幕式上宣读的演讲稿》，载于《都灵皇家大学年鉴》，1909 年，第 33 期，5—34 页。

化趋势[①]。丹麦生理学家阿尔弗雷德·莱曼（Alfred Lehmann）将其称为"心理镜"，认为这种设备可以对个人的倾向性进行可靠的诊断[②]（图3.10）。

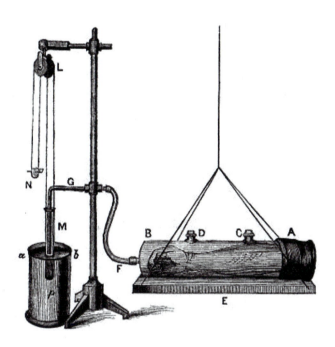

图3.10：胸膜仪的图像。照片取自查尔斯·塞奇威克·米诺特，《大脑活动中身体循环的变化》，载于《大众科学月刊》，1880年，第17期。

---

① 详见：安吉洛·莫索（Angelo Mosso），《论人脑中的血液循环：血压计研究》，罗马：萨尔维乌奇，1880年；安吉洛·莫索，《精神现象和大脑的温度》，都灵：勒舍，1892年。详见：玛丽亚·辛纳特拉（Maria Sinatra），《都灵的心理生理学：安吉洛·莫索与费德里科·基索》，莱切：彭萨多媒体，2000年，19—254页。

② 详见：阿尔弗雷德·莱曼（Alfred Lehmann），《精神状态的生理表现·第一部分：胸腔镜检查》，莱比锡：雷斯兰德，1899年，216页。

当时，图形方法已经成为研究的通用方法。它极具客观性，可以在纸上记录动态变化，似乎是研究生命现象的完美手段。例如，在耶拿，汉斯·伯格（Hans Berger）研究了脑循环和温度，确信精神能量与热能或电能一样，可以用同样的方式进行测量。事实上，他所梦想找到的所谓"P-能量"并没能被记录下来，但伯格在近三十年的特殊隔离状态下辛勤工作，对脑电图（EEG）（即大脑电流活动节奏）做了翔实的记录。在犹豫了许久之后，他决定在1929年出版他的作品。然而，整个科学界中，唯有剑桥大学的生理学家和最近的诺贝尔奖获得者埃德加·道格拉斯·阿德里安（Edgar Douglas Adrian）在确定了新仪器的有效性后，才留意到这一点，并在1935年伦敦国际神经学大会上介绍了这一情况①（图3.11）。

① 详见：汉斯·伯格（Hans Berger），《论人体脑电图》，载于《精神病学档案》，1929年，第87期，527—570页；埃德加·道格拉斯·阿德里安（Edgar Douglas Adrian）、布莱恩·马修斯（Bryan H. C. Matthews），《伯格韵律：人的枕叶的潜在变化》，载于《大脑》，1934年，第57期，355—385页；科尼利厄斯·博克（Cornelius Borck），《书写大脑：用图解法追踪精神世界》，载于《心理学历史》，2005年，第8期，79—94页。

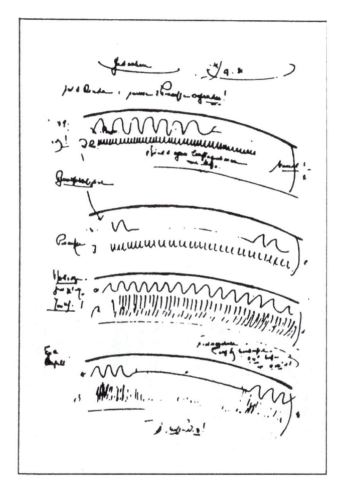

图 3.11：汉斯·伯格记录的第一张脑电图。

伯格坚信，脑电图可以通过记录不同频率的脑电波交替来显示更多关于精神活动的东西。然而一开始，诸多同行都对该仪器的用途持怀疑态度。后来，新闻界和公众舆论才将其奉为圭臬，视其为能够破译行动中心灵的机器。大脑用一种密码进行自我表达。当时的报纸报道称，这种密码非常隐蔽，但很快就会被科学破译。他希望经由脑电图分析的大脑，能够让公众直观地理解自己的研究过程。毕竟，自颅相学时代以来，受到发掘灵魂器官以掌握其动态愿望的驱使，人们从未停止过对科学和技术智慧的研究。就在伯格宣布其发明的几年前，乌克兰医生扎卡·比斯基（Zachar Bissky）设计的"诊断镜"出现了。他用电极刺激了头部表面的大约 50 个反应区，以此试图描绘出与每个单独领域相关的心理过程的强度。他从一项个人档案中归纳了方法，并将它用于各种适合的地方，比如在能力评估中，它能取代心理测试，让一切更加方便[①]（图 3.12a 和 3.12b）。

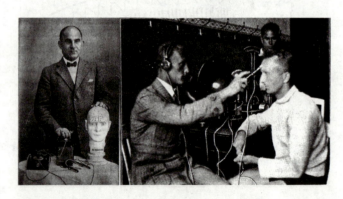

图 3.12a 和 3.12b：扎卡·比斯基与他的电极（左）；带有电极和声学控制的诊断仪（右）。

---

① 详见：扎卡·比斯基（Zachar Bissky），《诊断仪：一种用于医学、心理学和法医学诊断的新方法》，卡尔斯鲁厄-柏林，1925 年。科尼利厄斯·博克（Cornelius Borck），《电作为精神生活的媒介：德国魏玛的精神诊断学的电工技术冒险》，载于《科学背景》，2001 年，第 14 期，565—590 页。

后来，妇科医生和伟大的知识普及者弗里茨·卡恩（Fritz Kahn）在其于1922年至1931年间出版的关于人类生活的五册书中，直观地将神经系统的功能归入到了电学领域。书中有不同插图画家绘制的精美图片，通过类比技术系统，展示了身体的功能组织（即身体的器官与系统）。除了作品给人的印象和美学上的独创性之外，实际上，关于大脑方面的研究并没有什么实质性的进展。早在19世纪，就有人试图用电报的模型（一项相当新的发明）来解释神经信息是如何从外围传输到中心的[①]（图3.13）。

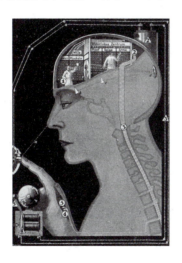

图 3.13：运动脑中心的电气装置。

---

① 详见：弗里茨·卡恩（Fritz Kahn），《人的一生》，斯图加特：弗朗克-谢尔曼，1922—1931 年。恩斯特·卡普（Ernst Kapp），《技术哲学的基本路线：从新的角度论述文化出现的历史》，布伦瑞克：威斯特曼，1877 年，139—154 页。其中，鲁道夫·维尔乔夫（Rudolf Virchow）和威廉·冯特（Wilhelm Wundt）将其与电磁电报进行了具有权威性的比较。

实验心理学家也很快采用脑电图来研究心理过程和大脑与行为之间的关系：爱因斯坦在接受脑电波检查时被要求思考相对论，这一图像极具说服力 ① （图 3.14）。最重要的是，这项新技术已经成了神经学和精神病学诊断的重要组成部分 ②。它主要是由赫伯特·贾斯帕（Herbert H. Jasper）引入美国的。贾斯帕从洛克菲勒基金会获得支持，在普罗维登斯（罗德岛）的布拉德利医院建立了一个临床实验室。1935 年，他对伯格在耶拿取得的成果，及其在海外所做的第一次脑电图记录做了报告 ③。值得特别关注的是贾斯帕对各地各种形式的癫痫病的研究。1939 年，他在蒙特利尔神经研究所接管了一个新的、专门的临床脑电图部门，与神经外科医生怀尔德·彭菲尔德（Wilder Penfield）合作，后者几年前曾画过一幅最诙谐且最受欢迎的人脑图。

---

① 详见：《爱因斯坦脑电波：它被绘制成图表，以了解天才的思维方式》，载于《国际生活杂志科》，1951 年 4 月 9 日，40 页。详见：尼利厄斯·博克（Cornelius Borck），《记录工作中的大脑：脑电图的可见性、可读性以及不可见性》，载于《神经科学史期刊》，2008 年，第 17 期，367—379 页。

② 详见：科尼利厄斯·博克（Cornelius Borck），《脑波：脑电图的文化史》，哥廷根：沃尔斯坦，2005 年。

③ 详见：赫伯特·贾斯帕（Herbert H. Jasper）、伦纳德·卡迈克尔（Leonard Carmichael），《完整人脑电势的形成》，载于《自然》，1935 年 1 月 11 日，第 81 期，51—53 页；托马斯·科鲁拉（Thomas F. Collura），《脑电图仪器和技术的历史和演变》，载于《临床神经生理学期刊》，1993 年，第 10 期，476—504 页；马西莫·阿沃里（Massimo Avoli），《赫伯特·贾斯帕和癫痫病的基本机制》，载于杰弗里·诺贝尔斯（Jeffrey L. Noebels）等人（编著），《贾斯帕癫痫病的基本机制》，牛津：牛津大学出版社，2012 年，12—23 页。

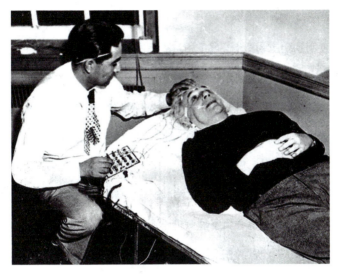

图 3.14：阿尔伯特·爱因斯坦正在接受脑电图检查。

这就是所谓的赫蒙克鲁斯（"利用炼金术造出来的人"），这一概念于 1937 年首次被提出，此后被不断完善。关于赫蒙克鲁斯的论述有许多版本，其中一些可以在互联网上找到。伦敦自然历史博物馆的两个三维标本再现了一个感官和一个运动模型：它们被称为"大脑中的身体"或"皮质小人"。也就是说，如果一个人身体的每个部分都按照控制其皮质区域的比例增长，那么他就会变成"皮质小人"的模样。有的故事说，这种存在生存于一个想象的国度，是非常受欢迎的小怪物，它们自己的故事也值得简单叙述（见注释）[①]。

———————————

① 详见：克劳迪奥·波利亚诺，《彭菲尔德的赫蒙克鲁斯及其他来自想象国度的怪异生物》，载于《信使：科学的物质和视觉历史杂志》，2012 年，141—162 页。

大脑简史

　　彭菲尔德于1891年出生于斯波坎（华盛顿州）的一个医生家庭，他在威斯康星州度过了童年和青少年时期，并在普林斯顿上大学。毕业后，他在两位伟大医生威廉·奥斯勒（William Osler）和查尔斯·谢林顿的指导下完成了在牛津大学的学习，曾获得过罗德奖学金。两人都是当时时代的典范，那时候，科学家也曾写诗、写故事、收集手稿和古书、旅行，并将这一切都视为平衡的生活的重要组成部分[①]。在其自传中，彭菲尔德回忆道，谢林顿称得上是一位"温和的实验者"，小心翼翼地保护小白鼠，使其免受不必要的痛苦。此外，谢林顿还曾经在公开场合阐释神经学的未解之谜。在实验室外，他是一位诗人，也是一位哲学家。通过他的教学和实验实践，神经系统作为一个伟大的未开发领域出现，并且或许终有一天能够阐释人类心灵的内容[②]。

　　从约翰-霍普金斯大学医学系毕业后，彭菲尔德在波士顿的哈维·库欣（Harvey Cushing）手下实习，并在纽约开始了他的外科医生生涯。他在西班牙花了一个学期的时间向圣地亚哥·拉蒙·卡哈尔和皮奥·德尔·里奥-霍尔特加（Pio del Rio-Hortega）学习神

[①] 详见：杰佛逊·刘易斯（Jefferson Lewis），《空窗风景：怀尔德·彭菲尔德的传记》，多伦多-纽约：杜布莱德公司，1981年。

[②] 详见：怀尔德·彭菲尔德（Wilder Penfield），《无人独行：一名神经外科医生的生活》，波士顿-多伦多：小布朗公司，1977年，35—36页。另见：彭菲尔德对谢林顿的纪念文章《心灵之谜：对意识和人脑的批判性研究》，普林斯顿：普林斯顿大学出版社。

经细胞染色技术，并在布雷斯劳逗留期间观察奥特弗里德·福斯特（Otfried Foerster）如何治疗癫痫。1928 年，彭菲尔德踏出了具有决定性的一步：他搬到了蒙特利尔，受邀在麦吉尔大学教授神经外科。几年后，在洛克菲勒基金会的资助下，他建立了一个神经学研究所，他精心组织该研究所，试图让它成为科学的殿堂。他曾尝试建立一个中心，让外科医生、解剖学家和生理学家能够联合研究大脑和心灵，以减轻病人的无数病痛。很快，越来越多的同行都被该项目吸引，纷纷加入进来[①]。

1937 年 6 月，在美国神经学会的一次会议上，彭菲尔德介绍了近期与年轻的合作者埃德温·博尔德雷（Edwin Boldrey）联合展开的关于大脑皮层运动功能的工作。他们花了很长时间，在局部麻醉下用电探针探索了 163 名癫痫患者的大脑皮层，并得出了关于感觉运动功能的新结论。他们在手术中应用了电流刺激，这一点颇具独创性。他们对头皮进行消毒并进行开颅手术，进入到大脑半球的某些区域后，铂金电极会诱导出电化电流。实验的某些设置至关重要：病人必须与操作者和麻醉师积极合作。一般而言，所有受试

---

① 关于新机构的描述，详见：杰佛逊·刘易斯（Jefferson Lewis），《空窗风景：怀尔德·彭菲尔德的传记》，148—150 页。大厅的结构让人联想到大脑和神经系统，墙壁和天花板上装饰着各种图案，包括代表大脑的古代象形文字。关于彭菲尔德创立的研究所前五十年的研究活动，详见：威廉·费因德尔（William Feindel），理查德·勒布朗（Richard Leblanc）（编著），《受伤的大脑被治愈：蒙特利尔神经病学研究所的黄金时代，1934—1984 年》，蒙特利尔：麦吉尔-女王大学出版社，2016。

者，即便是最年轻的受试者，都需要以耐心和智慧承受这种刺激。第一次施加的潜意识刺激会逐渐加强，直到获得积极反应。会有一张图像记录由放电引起的每个动作或感觉的数据。他们在大脑的不同点上重复，总共获得了 170 张图像。而在彭菲尔德和博尔德雷的文章中，图像资料被压缩总结至 16 张 [①]。

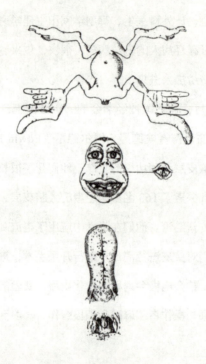

图 3.15：第一个赫蒙克鲁斯。

---

① 详见：怀尔德·彭菲尔德（Wilder Penfield），埃德温·博尔德雷（Edwin Boldrey），《通过电刺激研究人的大脑皮层中的体感运动和感觉表征》，载于《大脑》，1937 年，第 60 期，389—443 页。文章还包含了自弗罗伦斯实验以来的历史背景，以显示感觉运动皮层的研究是如何在 19 世纪逐渐确立的。

举例子来说，当某些点受到电流刺激时，会引起舌头的运动，实验总共确定了 16 个兴奋点。这些运动不易被观察到，因此只能由病人描述，病人在准确定位舌面的感觉方面表现得非常娴熟。两张图像总结了局部发生的情况。而更多的类似图像则报告了身体其他区域诱发的运动和感觉。随后是最后一张总图，它能够给出一个整体的视角。为使这些观察的地形更加清晰，一位医学插图画家霍滕斯·波林·坎特利（Hortense Pauline Cantlie）被要求用清晰的图像将其呈现出来。因此，第一个赫蒙克鲁斯——一个身体类似于青蛙的小生物就此诞生。它的手、手指、嘴唇和舌头尺寸巨大，反映了主管这些部分的大脑皮质上罗兰多区的范围广大；相比之下，管理躯干和腿的皮层区域则显得非常狭窄（图 3.15）。

1950 年，彭菲尔德更准确地描绘了由不同脑区控制的身体部位。他与西奥多·拉斯穆森（Theodore Rasmussen）合作写了一本书，书中包含了一个新的、双胞胎的赫蒙克鲁斯（同样由坎特利所画），与 1937 年的赫蒙克鲁斯截然不同。现在，运动和感觉反应的特征完全分开，并刻在两个半球上（图 3.16）。同时，还需注意两位作者的忠告：如果过于重视对各部分形状和大小的比较，这些图画可能会引起混乱[1]。在同一时间的电台广播中，彭菲尔德描

---

[1] 详见：怀尔德·彭菲尔德（Wilder Penfield）、西奥多·拉斯穆森（Theodore Rasmusssen），《人的大脑皮层：功能定位的临床研究》，纽约：麦克米伦公司，1950 年。这本书主要献给那些曾帮助人们了解大脑皮层的一系列病人，以及献给那些在临床研究中为作者提供指导的生理学家。

述了他倾注了数十年心血研究的神秘物体——大脑皮层：它是覆盖在半球上的表面细胞层，在脑回的裂缝之间形成了一个深层折叠的灰质套。它由成块的功能区组成，如果一个人思考新项目或试图参透生活中的深奥问题，前面的部分就会被激活，它甚至可能是那个被称作"意识"的难以捉摸的实体的居所[①]。

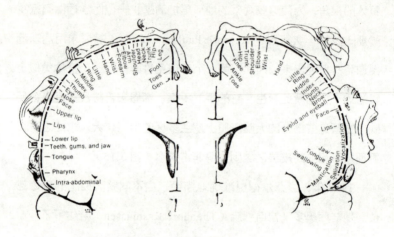

图 3.16：感觉和运动区域。

小怪物的故事并没有结束。1954 年，彭菲尔德与赫伯特·贾斯帕一起出版了一本关于癫痫和大脑功能解剖学的书，其中包含三个新的数据，扩大了研究的范围。第一种（即前一种变体的演变）研究了运动和感觉的赫蒙克鲁斯与罗兰多裂缝的关系；第二种将感

---

① 详见：怀尔德·彭菲尔德（Wilder Penfield），《大脑皮层和人类思维》，载于《心灵的物理基础：一系列广播讲座》，牛津：巴兹尔·布莱克威尔公司，1950 年。

觉赫蒙克鲁斯置于靠近西尔维斯裂缝的区域；而第三种则涉及皮质下区域，将感觉赫蒙克鲁斯置于丘脑之上。作者再次强调，尽管该图各部分之间的关系具有一定的正确性，但并不完全准确，仅作参考。尽管如此，在接下来的几年里，越来越多的奇怪生物进入了迄今为止被研究过的名单中。威斯康星大学的神经生理学家克林顿·伍尔西（Clinton N. Woolsey）利用电刺激绘制了灵长类动物和其他哺乳动物大脑皮层上的初级、辅助运动区。在一次研讨会上，他展示了自己的研究结果，并将其与图画一起发表，介绍了大鼠、兔子、猫和猴子的运动和感觉区域的演变，并对这些区域与大脑皮层的视觉、听觉和联想区域之间的关系做了分析。通过谐音，这些新标本被命名为"类似物"（simiunculus）[1]。

这种制图方法也引起了部分批评。在 1957 年的一次英美大脑会议上，弗朗西斯·沃尔什（Francis M. R. Walsh）（直到几年前还是《大脑》的编者）提到了皮质制图法，并指出该方法的目的是寻找新区域中的兴奋性片段，而忽视了对人影响巨大的非自然因素。在他看来，这种方法就像刘易斯·卡罗尔（Lewis Carroll）于 1871 年创造的形象"贾巴沃克"（Jabberwock，无聊的话），是无意义的。一段时间后，又有人为彭菲尔德开创的视觉风格平反，他的作

---

[1] 详见：克林顿·伍尔西（Clinton N. Woolsey），《大脑皮层体感和运动区的组织结构》，载于哈里·哈洛（Harry F. Harlow）、克林顿·伍尔西（编著），《行为的生物和生物医学基础》，麦迪逊：威斯康星大学出版社，1958 年，63—81 页。

品深受好评，并逐渐变成了为大众所接受的标志性产品。1988 年，理查德·格里格斯（Richard A. Griggs）发现心理学教科书中对赫蒙克鲁斯的叙述有诸多错误，一部分错误是出于坎特利原画的模糊性，另一部分错误则是因为人们习惯于使用二手资料。格里格斯对画中出现的女性乳房感到震惊，它们在 1950 年的版本中并不存在：这是否为了弥补，至少是部分弥补原作明显的男性片面性①？

　　四位加拿大研究人员在 2013 年发表的一篇文章中表示，在彭菲尔德漫长的生物冒险中，性是一个开放的问题。只要看一眼各种版本的赫蒙克鲁斯，就会发现阴茎和阴囊的存在。然而，乳房、阴道、阴蒂、子宫和卵巢却不存在，仿佛男性模型具有普遍价值。这一遗漏的产生原因是，在神经外科医生研究的 1065 名病人中，只有 107 名是女性（而且没有提到年龄或月经周期）。此外，在她们受孕时年龄仍然过小，无法表达出具体的女性感觉。作者确信两性的感觉、运动皮层表征大不相同，他回顾了一系列关于这一问题的研究，绘制了第一个被称为"赫蒙克鲁斯"的实体体表图，其中还反映出了与卵巢周期和生殖生活季节有关的因素②（图 3.17）。

①　详见：理查德·格里格斯（Richard A. Griggs），《谁是坎特利夫人，为何人们要对她的赫蒙克鲁斯进行那些可怕的实验？》，载于《心理学教学》，1988 年，第 15 期，105—106 页。

②　详见：保拉·迪诺托（Paula M. Di Noto）、莱奥拉·纽曼（Leorra Newman）、雪莱·沃尔（Shelley Wall）、吉莲·爱因斯坦（Gillian Einstein），《赫蒙克鲁斯：关于女性身体在大脑中的表现，人们知道多少？》，载于《大脑皮层》，2013 年，第 23 期，1005—1013 页。

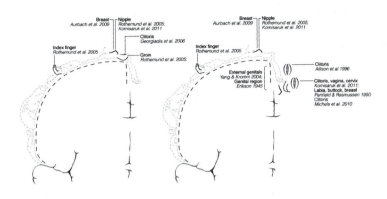

图 3.17：两个版本的"赫蒙克鲁斯"的图像。

彭菲尔德的一位合作者，早在 1945 年就报告了一个被诊断为色情狂的癫痫妇女的案例：据说她的顶叶区肿瘤压到了生殖器体感区，引起了色情狂的症状，这一症状在肿瘤切除后消失了[①]。而近期，正电子发射断层扫描（PET）和功能磁共振成像（fMRI）提供了更多的研究结果，证实了在生殖器官上，女性图像与男性图像之间存在差异[②]。尽管如此，仍然需要进一步的调查，以完成、完善女性皮质与身体关系的整个画像。

与赫蒙克鲁斯有关的各种图像的出现，以及人们画的各种动物

[①] 详见：西奥多·埃里克森（Theodore C. Erickson），《色情狂是皮质癫痫电流的一种表现形式》，载于《神经病学和心理学档案》，1945 年，第 53 期，226—231 页。

[②] 详见：巴里·科米萨鲁克（Barry R. Komisaruk）（合著），《女性的阴蒂、阴道和官颈在感觉皮层上的映射：功能磁共振成像证据》，载于《性医学杂志》，2011 年，第 8 期，2822—2830 页。

版本的赫蒙克鲁斯，也会导致相关研究质量的下降。1993 年，神经学家杰弗里·肖特（Geoffrey D. Schott）强调了彭菲尔德的警告——需要谨慎且不能任意解释、过度夸大。不幸的是，赫蒙克鲁斯似乎已经拥有了自己的生命，它独立于其创造者，其延伸范围远远超出了现有的科学证据。最后，它变成了一种单纯的艺术手段：用模棱两可的术语来命名大脑皮层的轮廓，这种不谨慎的做法也导致了这一变化。几个世纪前，在帕拉塞尔苏斯（Paracelsus）那里，这个术语指的是完全不同的东西，即"人造人"。彭菲尔德的发明是有用的，也是原创的，但对肖特来说，谨慎的做法是不要把事实和幻想混为一谈，对大脑功能的说明应限于那些有真实图像记录的罕见情况。他举的例子确定了大鼠皮层上的躯体特定区，并画出了它的赫蒙克鲁斯图像。尽管肖特本人对研究的任何艺术创作都不信任，但他似乎并没有成功抵制视觉的诱惑 ①。

　　当然，彭菲尔德对文学、神话和历史的热情，促使他以一种生动的方式展现其研究成果，甚至以混乱为代价。此外，他还写了一部关于亚伯拉罕和一神教起源的作品，以及另一部关于希波克拉

---

① 详见：杰弗里·肖特（Geoffrey D. Schott），《彭菲尔德的赫蒙克鲁斯：关于脑部制图的说明》，载于《神经病学、神经外科和精神病学杂志》，1993 年，第56 期，329—333 页。肖特所指的是卡罗尔·韦尔克（Carol Welker）的模型，详见：卡罗尔·韦尔克，《大鼠体感新皮层中的桶状物的感受场》，载于《比较神经学杂志》，1976 年，第 166 期·173—189 页。

底生活片段的作品 ①。当他决定处理大脑意识的相关问题时，正如我们已经看到的那样，他选择了《心灵的奥秘》（*The Mystery of the Mind*）这个令人回味的书名。在该书的注释中，彭菲尔德承认，在他还是学生时，威廉·詹姆斯（William James）的《心理学原理》就已经给他留下了深刻印象 ②。

---

① 详见：怀尔德·彭菲尔德（Wilder Penfield），《没有其他神》，波士顿：小布朗公司，1954 年；怀尔德·彭菲尔德，《火炬》，波士顿：小布朗公司，1960 年。在 70 多岁离开蒙特利尔神经病学研究所后，彭菲尔德开始其"第二职业"，成了一名旅行者和讲师，详见：《第二职业》，波士顿：小布朗公司，1963 年。

② 详见：彭菲尔德，《心灵的奥秘》，普林斯顿大学出版社，49 页。

3. 三位一体的大脑、分裂的大脑

20 世纪下半叶广泛流传着另一个图像，即关于大脑结构和功能的最流行和传播最广的图像，由神经生理学家保罗·麦克莱恩（Paul MacLean）所作。即使在今天（在这个故事开始的半个世纪之后，催生这一故事的理论已经失去有效性），在网络上搜索关键词"三位一体的大脑"，依然会看到令人印象深刻的搜索结果和海量的视频，这些内容用各种主要语言呈现，呈现质量也各不相同。这个例子说明，科学研究的回声，会延续到实际生命周期之外的时期[1]。

---

[1] 详见：克劳迪奥·波利亚诺，《幸运的三位一体的大脑：保罗·麦克莱恩的<神经捕手>编年史》，载于《信使：科学物质和视觉历史杂志》，第 32 期，2017 年，330—375 页。

2007 年，在麦克莱恩去世后，他曾经的合作者认可了他非凡的能力，认为他能够将其对大脑进化的整体看法与动物和人类的行为联系起来。合作者还回忆道，只在他职业生涯的第一阶段有真正的实验活动，而第二阶段则更具哲学特征。1990 年，当他终于成功地在一本书中介绍了他所有的工作成果时，一些苛刻的评论家认为，那些理论在当时已经过时了①。

即使在后来，也不乏对他理念的批评。麦克莱恩的概念是沿着中枢神经系统的发育展开的研究，是线性增加的研究过程，最终形成对人类认知能力的认识。这种模式属于试图将理性置于情感之上的一个固有方法，因此，他的心理功能的等级模式也受到了嘲弄。最后，有人指出他三位一体的大脑理论过于简单，不足以阐释极其复杂的大脑进化过程。自然选择的作用不是通过叠加，而是通过不断的重塑进行的，所以可能有三个以上的大脑。此外，麦克莱恩自己也承认，想要不在过度简化的情况下做出一般性的总结，其实很难做到②。

然而，国际行为神经科学学会于 2002 年在卡普里举行了一次研讨会，以捍卫麦克莱恩的观点并促进社会行为的神经生物学方面的研究。据收集会议记录的期刊编辑称，麦克莱恩将神经科学、心

---

① 详见：保罗·麦克莱恩，《进化中的三位一体的大脑：在古脑功能中的作用》，纽约-伦敦：全会出版社，1990 年。
② 详见：保罗·麦克莱恩，《大脑和行为的三合一概念》，多伦多：多伦多大学出版社，1973 年，5 页。

理学和精神病学、社会科学联系了起来，其成就比以往任何成果都更有意义①。值得补充的一点是，正如我们所见，在神经系统的发展中确定了连续的进化趋势，自托马斯·莱科克、约翰·休林斯·杰克逊（John Hughlings Jackson）和斯宾塞时代起就已有新的支持者。在这些人和其他支持大脑分级概念的人身上，隐藏着20世纪中期以后发生的故事的19世纪的根源，也值得被更详尽地讲述。

　　麦克莱恩于1913年生于纽约菲尔普斯，是长老会牧师的第三个儿子，在耶鲁大学度过了两年时光。直到某一天，他在费尔默·诺斯罗普（Filmer S. C. Northrop）教授的科学哲学课程中被说服，才正式前往爱丁堡，在新柏拉图主义者和柏拉图学者阿尔弗雷德·泰勒（Alfred E. Taylor）的指导下从事新的事业。然而，很快，这一选择就把他引向了一条死胡同：仅仅通过阅读和重读哲学家已经论述过的东西，怎么可能获得关于生命来源的新的和原创的想法呢？正如麦克莱恩在其简短的自传中所述，因为这种思考，他决定从耶鲁大学医学专业毕业，并在不久后入伍。在太平洋战争期间，他在新西兰奥克兰的一家军事医院做手术。在那里，他发现受伤或生病的士兵也容易受到精神神经症的困扰。渐

---

① 详见：凯利·兰伯特（Kelly G. Lambert）、罗伯特·杰莱（Robert Gerlai），《社会行为的神经生物学相关性：保罗·麦克莱恩的遗产》，载于《生理学和行为学》，2003年，第79期，341—342页；德莱夫·普洛格（Detlef W. Ploog），《三位一体的大脑在精神病学中的地位》，487—493页。

渐地，他越来越相信心灵居住在大脑中，这并非表象现象[①]。1946年退伍后，他在波士顿的马萨诸塞州总医院从事研究工作，在那里，他发明的鼻咽电极被用来记录下丘脑的大脑活动，它可以帮助表达情绪。

为了寻找与这一现象有关的更多数据，麦克莱恩偶然读到了康奈尔大学神经解剖学家詹姆斯·帕帕兹（James Papez）于1937年发表的一篇文章。文章洋洋洒洒二十多页，理论非常密集。帕帕兹在其中提出了关于情绪的解剖学基础的假设，认为情绪位于一个涉及下丘脑、扣带回、海马体以及联系它们的环路中（后来称为"帕帕兹环路"）。这一假设只是一个大体推测，虽然它是从文献中已经存在的一系列解剖学、临床和实验数据中推导出来的，其真实性还有待验证，但它对后来的研究起到了一定的作用，且颇具成效[②]。那篇文章的发现是麦克莱恩工作的起点，他将在其著作和演讲中无数次地引用这篇文章。1948年，他与年长自己三十岁的帕帕兹第一次会面，随后维持了长达十年的密集通信[③]。此后不久，麦克莱恩制定了一项研究计划：有神经解剖学和神经生理学的迹象

---

① 详见：拉里·斯奎尔（Larry R. Squire）（编著），《自传中的神经科学史》，圣地亚哥：学术出版社，1998年，第2册，251—255页。麦克莱恩在1944—1945年发表的前两篇文章涉及士兵的精神障碍和热带医学。

② 详见：詹姆斯·帕佩兹（James Papez），《一种拟议的情感机制》，载于《神经病学和精神病学档案》，1937年，第38期，725—743页。

③ 保罗·麦克莱恩和詹姆斯·帕佩兹来往的大量信件被保存在国家医学图书馆（马里兰州贝塞斯达）档案中的"麦克莱恩文件"中。

表明，一个系统发育较早、较原始的大脑负责监督情绪的动态，而其较新的部分则与智力功能有关。神经的多样化物质会在一个人的感觉和一个人的认识之间产生差异[1]。

在努力证明帕帕兹的环路假说正确性时，麦克林发现了海因里希·克鲁弗（Heinrich Klüver）和保罗·布西（Paul Bucy）对猕猴的观察。这些猕猴被切除两个颞叶之后，就无法区分危险和有用的物体，并且性欲激增、经口欲望亢进[2]。然而，通过研究，其他研究人员认为是"内脏"大脑在指导动物的行为，如觅食、逃离捕食者和繁殖等。或许，同样的事情也发生在更高的存在形式和人类身上。因此，他大胆猜测，根据弗洛伊德的心理学，内脏的大脑与无意识的"本我"的属性有关，这对精神病学有一定影响。

从一开始，麦克莱恩的行动就一直没有脱离这一具有宗教性的目标——改善个人和集体生活质量。他于 1949 年发表的文章吸引了耶鲁大学神经生理学家约翰·富尔顿（John Fulton）的关注，富尔顿是猴脑定位的比较研究的作者，曾进行过脑叶切除术的实践。正是为了在下一个项目上开展合作，麦克莱恩被选为助理教授。此后不久，内脏大脑成为"边缘系统"：这是一个比较中性的形容词，

---

[1] 详见：保罗·麦克莱恩，《心身疾病和内脏脑：有关帕皮兹情绪理论的最新发展情况》，载于《心身医学》，1949 年，第 11 期，338—353 页。

[2] 详见：海因里希·克鲁弗（Heinrich Klüver）、保罗·布西（Paul Bucy），《猴子颞叶功能的初步分析》，载于《神经病学和精神病学档案》，1939 年，第 42 期，979—1000 页。

出自保罗·布罗卡，他在 1878 年提出了这个词，用来指代围绕脑干的"粗鲁"部分，旨在将其与集中在大脑皮层的"智力"部分区分开 ①。边缘系统似乎代表了参与情感行为的部分，在结构上与具有智力功能的新脑不同，而对心脑的研究正与日俱增。

因此，在过去的 15 年里，两个大脑的进化事实已经逐渐得到认可。最古老、最简陋的第一个大脑设备（麦克莱恩将其比作最早的一台 9 英寸屏幕的电视机）提供了内部和外部世界的模糊图像，然而它对于个人和物种仍然至关重要。如果还不满意，大自然就会在人身上配置第二个大脑（类似于最新电视上的大屏幕，几乎能够完全消除视觉失真），它非常完善，甚至可以实现语言符号的抽象化。人怎么能如此伟大却又如此愚蠢呢？

自 19 世纪 50 年代以来，麦克莱恩就曾在无数次会议中提到这一问题。而他给出的回答则是，两个大脑的共存唤起了一种"精神分裂症"，产生了矛盾。或许现在已经到了第二个大脑学习、了解和驯服第一个的时候，这是他"布道"的基本核心（他是传道人之子），这一理念持续了几十年，后期也有所改变。

后来，麦克莱恩在欧洲休假了一年，并在那里建立了有效的关系网络。他从耶鲁转到马里兰州贝塞斯达的国家卫生研究院，在

① 详见：保罗·麦克莱恩，《边缘系统（内脏脑）前额港的生理学研究的一些精神影响》，载于《脑电图和临床神经生理学》，1952 年，第 4 期，407—428 页；保罗·布罗卡（Paul Broca），《大脑旋涡的比较解剖学：哺乳动物系列中的大边缘叶和边缘裂隙》，载于《人类学杂志》，1878 年，第 7 期，385—498 页。

那里，他主要负责协调边缘系统与涉及行为的研究。而此处的松鼠猴（Saimiri sciureus），一种来自热带南美的灵长类动物，则成为他雄心勃勃的研究计划中的第一只小白鼠[①]。从档案文件中可以看出，麦克莱恩构想的其实是一个涵盖更广的调查模型，他花了十几年时间才创造出与他所设想的模型类似的物质。通过在模拟的自然环境中使用神经生理学技术，人们将有机会更好地研究动物基本功能的大脑机制，例如，交配、照顾后代、觅食、驯化、领导和群体冲突。长期以来，越来越多的不善于群居的动物物种——人类，生活在城市过度拥挤的非自然状态下，这是造成诸多疾病和越轨行为的原因。麦克莱恩希望不断进步的神经生理学知识，能够攻克人口过度增长所带来的各项难题。

在这两者之间必须建立一座桥梁，即在不了解行为领域的神经科学家和对大脑所知甚少或一无所知的心理学家或伦理学家之间。早在1959年，在普林斯顿与精神分析学家劳伦斯·库比（Lawrence Kubie）的讨论中，麦克莱恩就在之前的两个孤立的层面上加入了第三个层面。换言之，大自然赋予了人类三个大脑，尽管它们不和谐，但必须一起工作。第一种承自爬行动物，第二种承自低等哺乳

[①] 麦克莱恩对这种南美灵长类动物进行了多次实验，还与约翰·格根（John A. Gergen）合作出版了《松鼠猴（Saimiri sciureus）大脑立体图谱》。松鼠猴的大脑在大小和重量上与猫相似，而且还有体积小和维护成本低的优点，很适合神经解剖学和神经生理学的结合研究。

动物，第三种则是人类特有的大脑 ①。第三个层次被麦克莱恩定位在脑底部的纹状体复合体上（"R–复合体"，其中，R 代表爬行动物），它被用来执行生存常规所要求的复杂行为。三分法其实并不新奇，弗洛伊德或其他过去和当代的研究者早已用过三分法。但是，这一方法肯定具有自身的独创性，它试图将自身植根于神经解剖学的基础上。

　　三个大脑的第一次可视化展示，可以追溯到 1965 年的一幅水彩画，它留存于麦克莱恩的论文中。毫无疑问，它的图解非常简单，很容易被接受，作者也一再强调这一点（图 3.18）。麦克莱恩与多人合作，在贝塞斯达进行特殊研究计划，他们也集中精力于可以获得财政支持的精神病学衍生研究。边缘系统的功能障碍被归因于精神运动性癫痫等疾病，但也包括精神分裂症、各种形式的抑郁症、癔症以及一些身心疾病。根据麦克莱恩的说法，当病人躺在精神分析学家的沙发上时，他就仿佛带着一匹马和一条鳄鱼。它们虽然无法进行口头表达，却能在病人身上发挥巨大力量。

---

① 详见：保罗·麦克莱恩，《肢体系统与两个基本生命原则的关系》，载于玛丽·布拉泽尔（Mary A. B. Brazier）（编著），《中枢神经系统和行为：第二次会议记录，1959 年 2 月 22—25 日》，纽约：乔赛亚·梅西，1959 年，31—118 页。

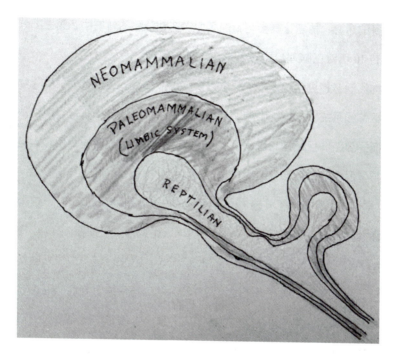

图 3.18：保罗·麦克莱恩的图纸。

几个月后，麦克莱恩给阿瑟·凯斯勒[①]（Arthur Koestler）写信。彼时，凯斯勒已年满 60 岁，不再热衷于冒险，生活相对稳定，有了第三任妻子，不断辗转于出版项目和巡回演讲之间。两人在华盛顿的一次会议上相遇，一种强烈的冲动促使那个正在研究一般等级概念的"居无定所的灵魂"向这位神经科学家征求意见。此后，双方开始了长期友好合作。在这种合作中，凯斯勒不顾麦克莱恩自

[①] 关于这位被授予国籍的英国匈牙利人的传记，详见：大卫·塞萨拉尼（David Cesarani），《阿瑟·凯斯勒：居无定所的心灵》，纽约：新闻自由，1998 年。

身的意愿，执意让其参与新的事业。在他酝酿的新书中，第三部分的 30 页对三脑理论展开了论述。第一部分试图证明智人是一个生物笑话，是进化过程中的一个错误，由最珍贵、最精致的仪器"中枢神经系统"的电路中的缺陷构成。中枢神经系统扩张得过快，从而导致新旧区域之间协调不力，出现了诸多弊病，首先，便是人类与生俱来的"精神分裂症"。

《机器中的幽灵》（*Il fantasma dentro la macchina*），这个标题源自哲学家吉尔伯特·赖尔（Gilbert Ryle）。他在 1949 年提出了这一说法，旨在批评笛卡尔的二元论。后来，这个说法开始盛行，麦克莱恩也用它表达理论，并获得了迅速传播。与此同时，它也有误解和误用的风险①。赖尔发明了这个术语，而麦克莱恩的观点也由此传开：在 1970 年 7 月写给凯斯勒的信中，在关于三位一体的大脑理论中，这一标题已经有迹可循。从那时起，就几乎可以确定，这一标题在未来麦克莱恩所有公开演讲的标题或内容中，将占有永久性的位置。神经科学认为大脑在人类、新哺乳动物中的地位非常重要，需要通过它处理当时的医疗和社会问题。例如，需要通过研究它抑制冲突、抑制"爬行动物"因领土支配权而发动的战争。如果能够检验已知的大脑功能，2000 年将见证一个新的黄金

---

① 详见：阿瑟·凯斯勒（Arthur Koestler），《机器中的幽灵》，伦敦：哈钦森，1967 年。该书很快被翻译成法语、德语和意大利语，但由于该书在其所处特定的历史环境中具有挑衅性，受到了各地杂志和报纸的评判，意见各不相同。

时代的出现。

经过几番推迟，新的大脑进化和行为实验室于 1871 年在普利斯维尔（马里兰州）落成：16 公顷的土地，三座建筑，长期以及客座研究人员在松鼠猴、狗、小鼠、仓鼠、火鸡和蜥蜴身上做实验。这个小团体的任务是进一步掌握前脑古老而庞大的皮层所执行的功能，该皮层主管着绝大部分的动物行为。在之后的日子里，麦克莱恩一边忙于管理实验室，一边努力地传播三位一体大脑理论。《科学》杂志于 1978 年对他进行了采访，坚称他在寻找人类中隐藏的爬行动物倾向，但也把他描述为一位习惯进行哲学思考和创造新词的神经科学家。他的话语中也有自相矛盾之处：一方面，他认为人类对真理的认识，仅仅来自大脑边缘凹陷处的皮质的模糊冲动，因此，从这一角度看问题，人们自身对外部世界的看法会自然而然地改变；另一方面，进化带给人类的皮质前额叶，可以大大改善人类的生存状况[1]。

在那些年里，伦理学和社会生物学占主导地位，引发了无数争议。麦克莱恩虽然在公开场合对此避而不谈，但在私下里，对这种特殊研究视角表示理解。他还与古人类学家接触，以收集进化过程中大脑变化的信息和数据。他参加利基基金会的座谈会（他的大部分智人谱系的发现都应当归功于利基家族），当提到许多令人震惊

---

[1] 详见：康斯坦斯·霍尔顿（Constance Holden），《保罗·麦克莱恩和三位一体的大脑》，载于《科学》，1979 年，第 204 期，1066—1068 页。

的人口统计、原子的破坏力、人类行为的灾难性影响时，其内心也会变得越来越惴惴不安。在太空时代，尽管由于新脑的存在，人类可以达到一定的速度，但是如果不能切除大脑的下半部分，人类会有严重的不适感。

麦克莱恩总是受邀在各种场合讲授他对物种弊病的诊断以及可能的治疗方法，但是，他表示有时更希望将自己关在象牙塔里，在严谨科学伦理的引导下进行实验，而不是辗转于各个会议之间。在 1971 年的一次会议上，他曾协助一位天文学家，这位天文学家在当时已经是美国早期科学传播者的代表。卡尔·萨根（Carl Sagan）与麦克莱恩结为好友，如同几年前的凯斯勒一样，他也被三位一体的大脑所征服。在他论述人类智力进化的书的第三章中，他集中讨论了这一问题。这本书于 1977 年出版，次年荣获普利策奖。这位神经科学家制作的杰出模型，不禁让人联想到弗洛伊德对心理的细分和柏拉图式的翼马拉车的神话 ①。萨根的使命是帮助人类摆脱自我毁灭的灾难：他是最早将电视作为传播媒介的人之一。自己的理论被人利用，麦克莱恩究竟作何反应，在这方面没有任何记录。但两人的关系在相互尊重中延续了下去，这一点从他们的通信中可

---

① 详见：卡尔·萨根（Carl Sagan），《伊甸园之龙：关于人类智力进化的猜测》，纽约，兰登书屋，1977 年，49—79 页。该书于 1978 年获得普利策非小说奖，关于这本畅销书的讨论和评论，详见：基伊·戴维森（Keay Davidson），卡尔·萨根，《一种生活》，纽约：约翰威利父子公司，1999 年，297—299 页。

以看出 [1]。

如前所述，麦克莱恩的总结性成果于 1990 年出版。他的理论从问世至今已有 77 年的历史。他的作品共 680 页，浓缩了他 40 年的研究成果，这是一幅令人印象深刻的马赛克图画，所有碎片都按顺序依次排列。一段长长的导言在关于人类命运的哲学和政治问题方面展开了深层讨论，这些问题都受到资源枯竭、污染和冲突的威胁。补救措施，似乎会出现于皮质"心理脑"的新能力中。麦克莱恩越来越迷恋猜想的艺术。在耄耋之年，他对所谓的"分离召唤"所起的作用进行了大胆的假设，这是一种最原始的发声方式，旨在保持母子联系；此外，他也对女性（在他看来，女性拥有比男性更平衡的大脑）因素在人类进化中的相关性做了假设。他还以发明新的隐喻为乐。1991 年，他写道：由于人们对自己和外部现实的了解，不可能超过人的大脑所能处理的程度，人们必须创造一种有利于大脑运作的知识氛围，创造一种"算法"，就像那些能够欣赏方程式旋律的数学家一样 [2]。

《伊甸园之龙》（*The Dragons of Eden*）这本书在 1977 年宣传了卡尔·萨根对人类智力的"推测"，其中第七章保留了罗杰·斯

---

[1] 麦克莱恩的信件和明信片可在华盛顿国会图书馆的卡尔·萨根文件中找到。

[2] 详见：保罗·麦克莱恩（Paul MacLean），《与家庭、游戏和分离召唤有关的大脑进化》，载于《普通精神病学档案》，1985 年，第 42 期，405—417 页；保罗·麦克莱恩，《女性：大脑更平衡？》，载于《Zygon：宗教与科学杂志》，1992 年，第 27 期，469 页。

佩里（Roger Sperry）与合作者在加州理工学院（帕萨迪纳）进行的所谓"分裂大脑"的实验：大脑是一个双重实体，两个半球共存且缺乏张力，但其等级关系比三位一体的大脑模型要弱③。虽然麦克莱恩在脑部画出了三个进化的、水平重叠的层次。但在那些年里，他亲眼看见了一场不同寻常的手术，当时有人用一条垂直线将两个功能特殊的大脑半体分开了（图 3.19）。

　　从理性的、语言的思维可能只存在了几万或几十万年这一事实出发，萨根进行了研究。他还说，有些人具备几乎完整的理性思维模式，而在另一些人的大脑中则是直觉占上风，前后两者都鄙视对方。这两种实际互为补充的模式，似乎无法巧妙融合在一起。这些模式在大脑皮层中有特定的位置，通过对各类型脑损伤的一系列研究，这一事实在前几十年里得到了证实。例如，当左半球的某些皮质区域受到影响时，会导致阅读、书写、说话和计算的能力出现障碍。对右半球的类似损害，会导致三维视觉、模式识别、音乐能力和整体推理的损害。因此，我们似乎真的可以把所谓的"理性"功能主要放在左半球，而把"直觉"功能主要归功于大脑右半球。

---

③ 详见：卡尔·萨根（Carl Sagan），《伊甸园之龙：关于人类智力进化的猜测》，纽约：兰登书屋，1977 年，153—185 页。

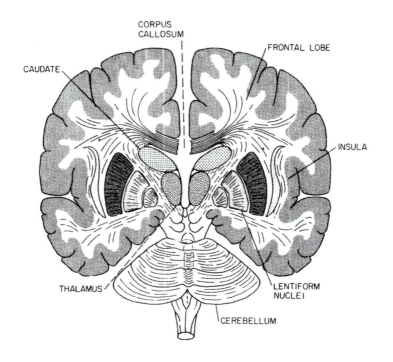

图 3.19：通过切断胼胝体分离大脑半球的图示。参见罗杰·斯佩里（Roger Sperry），《前脑共济会与意识觉察》，载于《医学与哲学杂志》，1977 年，第 2 期，104 页。

　　斯佩里小组的实验工作就是以这一前沿研究为基础的。为减轻患有严重癫痫、持续发作的病人的痛苦，他们切断了胼胝体，即连接两个大脑半球的纤维束。因此，神经电流从一个半球向另一个半球的传播会被减弱，而癫痫发作的频率和强度就会有所下降。刚刚接受过手术的病人会陷入失语状态，但他的语言能力会在一个月内恢复，并且不会显示出任何其他行为改变的迹象。只有一些更大胆的分脑实验会显示出不寻常的显著变化，因为他们的大脑半球无法再进行相互交流。正如萨根阐释的那样，左半球按顺序或序列处理信息；而右半球则能够同时或平行处理信息。前者将像数字计算机一样运作，后者将像模拟计算机一样运作。两者之间的相似性，也见证了时代信息技术的迅速发展。

在一个脚注中，萨根解释了如何通过服用大麻提高个人在音乐、舞蹈、艺术、模式识别和符号识别方面的能力，也就是说，非语言交流能力会有显著提高。然而，它并不能帮助人们提高理解路德维·约瑟夫·约翰·维特根斯坦（Ludwig Josef Johann Wittgenstein）的文章、理解康德的文本、计算桥梁阻力或处理拉普拉斯变换问题的能力。通常，在大麻素的影响下，人往往很难连贯地写作，就像左半球的作用被中和了一样。以同样的方式，即通过暂时中止左半球的运作进行活动，可以解释某些东方宗教的冥想状态，甚至是梦境[1]。不仅如此，萨根还大胆假设道，梦的"动物"品质可以通过适当使用麦克莱恩描述"边缘"的话语，或 R-复合系统活动的进化理论来理解。毫无疑问，新皮层以复杂的方式提供了语言能力。此外，我们必须看到，语言的控制，需要从边缘系统向那些更高的区域迈出具有决定性的一步，这意味着需要形成一个

---

[1] 详见：卡尔·萨根（Carl Sagan），《伊甸园之龙：关于人类智力进化的猜测》，169 页。

全新的大脑体系，而不仅仅是重新组织已经活跃在动物沟通和叫声中的机制。

萨根通过回顾笛卡尔来结束他在三位一体、双重大脑的交叉点上的论述，他的分析几何学证明了代数方程和曲线之间形式的一致性。在他看来，前者应当被视为左半球的典型结构，而后者则与右半球有关。他打趣地提示道，在某种意义上，分析几何学将像分析数学一样，是一种胼胝体在运作。他甚至进一步推断：人类文化的每一项创造性活动（伦理和法律、艺术和音乐、科学和技术），只有在两个半球的合作下才会存在，因此这些文化活动也是胼胝体的功能之一。

至于罗杰·斯佩里是否欣赏以及如何认识萨根对大脑分裂理论的广泛运用，我们很难确定①。无疑，他偏向于理论推理，从其著作中也可以看出这一点。但在 1981 年 12 月 8 日诺贝尔奖颁奖典礼上，由一位瑞典同事代为宣读的讲话中，他试图澄清对自己研究的误会并给出了重要的告诫。首先，斯佩里在那个庄严的场合回顾了自己对脑分裂病人的研究结果，他在近二十年前就开始发现右半球有认知和语言理解能力。当时的主流观点仍然倾向于左半球占主导地位，且更发达。这一消息令人震惊，并激化了双方的对立。

---

① 斯佩里的一位早期学生和合作者，对大众媒体中持续存在的关于大脑分裂的漫画感到厌烦，详见：迈克尔·加扎尼加（Michael S. Gazzaniga），载于《自传中的神经科学史》，牛津：牛津大学出版社，2012 年，99—138 页。在美国国会图书馆档案中保存的萨根的信件中，似乎没有任何与斯佩里的信件往来。

此后，斯佩里与不同合作者一起，努力重新训练两个半球，并分析它们之间的互补特性①。右半球虽然不能"发声"，但拥有更广泛、更高级的技能。

在斯德哥尔摩卡罗林斯卡学院的演讲中，斯佩里不仅总结了20年的实验工作（他的工作首先集中在动物身上，随后聚焦于人类身上②），而且还给出警示，要反对只支持某个大脑半球的论断，也要反对那些并未适当采用半球二分法的推断。为避免疑问，他重申，在正常状态下，大脑的两半肯定会形成一个单元，但两个半球究竟如何合作，在这一方面我们仍需进一步研究。然而，对功能的研究无疑提高了对智力的非语言成分的重要作用的认识。智力固有的个性也得到了揭示：我们对它了解得越多，它就会变得越复杂，指纹或面部特征的复杂性都无法与之相比。

在演讲的最后，斯佩里提到了他的分裂大脑工作的主要成就之一，是与意识有关的间接成就。在心理学方面，出现了从非因果的、平行主义的观点转向因果的、互动主义的身心关系观点，这一观点驳斥了行为主义对于未开发的大脑的教条理论。这样一来，就有可

---

① 关于许多正在进行的工作的介绍，详见：罗杰·斯佩里，《大脑分裂与意识机制》，载于约翰·埃克尔斯（John C. Eccles）（编著），《大脑和有意识的经验：1964 年 9 月 28 日至 10 月 4 日，教廷科学研究院研究周》，柏林：斯普林格，1966 年，298—313 页。

② 关于猫和猴子接受胼胝体切除术的实验叙述，详见：罗杰·斯佩里，《大脑汇合点》，载于《科学美国人》，1964 年，42—52 页。

能将内心体验的事件归因于大脑活动过程的突发特性，而大脑是具有自身活动动向和规律的[①]。

早在 20 世纪 60 年代末，斯佩里就提出了意识的新概念（这是一个非常模糊和有问题的术语），并将其作为大脑过程的组成部分及影响因素。在他看来，未来的挑战在于如何精确地理解大脑最基本的组成，以及大脑是如何构建具有偶然性的意识的。对它的检验必须付诸实验，尤其是需要阐释它是如何出现在进化史上的。他的实验，甚至可以或应该去掉那些使科学实践受到人文主义感性影响的、不断助长反科学的火焰的领域——物质主义、机械主义、还原主义等[②]。

[①] 详见 1981 年诺贝尔生理学或医学奖。

[②] 详见：罗杰·斯佩里（Roger Sperry），《修正的意识概念》，载于《心理学评论》，1969 年，第 76 期，532—536 页。罗杰·斯佩里，《走向心灵理论》，载于《美国国家科学院院刊》，1969 年，第 63 期，230—231 页。

北京市版权局著作合同登记号：图字 01-2021-5422

Copyright © 2017 Editrice Bibliografica
Via San Francesco d'Assisi, 15 – 20122 MILANO (Italy)
The simplified Chinese translation rights arranged through Rightol Media （本
书中文简体版权经由锐拓传媒取得 Email:copyright@rightol.com ）

图书在版编目（CIP）数据
大脑简史 / （意）克劳迪奥·波利亚诺著；张羽扬，
张谊译 . -- 北京：台海出版社，2022.4
ISBN 978-7-5168-3215-8

Ⅰ . ①大… Ⅱ . ①克… ②张… ③张… Ⅲ . ①脑科学
－普及读物 Ⅳ . ① Q983-49

中国版本图书馆 CIP 数据核字 (2022) 第 018544 号

大脑简史

著　　者：[意] 克劳迪奥·波利亚诺	译　　者：张羽扬　张　谊
出 版 人：蔡　旭	责任编辑：俞滟荣

出版发行：台海出版社
地　　址：北京市东城区景山东街 20 号　　邮政编码：100009
电　　话：010-64041652（发行，邮购）
传　　真：010-84045799（总编室）
网　　址：www.taimeng.org.cn/thcbs/default.htm
E - mail：thcbs@126.com

经　　销：全国各地新华书店
印　　刷：天津鑫旭阳印刷有限公司
本书如有破损、缺页、装订错误，请与本社联系调换

开　　本：880 毫米 × 1230 毫米　　　　1/32
字　　数：177 千字　　　　　　　　　印　张：8
版　　次：2022 年 4 月第 1 版　　　　印　次：2022 年 4 月第 1 次印刷
书　　号：ISBN 978-7-5168-3215-8

定　　价：48.00 元